教育部-Intel精品课程

# 多核架构与编程技术

● 武汉大学多核架构与编程技术课程组　编著

Multi-core architecture
and programming technology

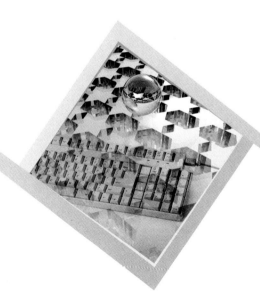

武汉大学出版社

图书在版编目(CIP)数据

多核架构与编程技术/武汉大学多核架构与编程技术课程组编.—武汉：
武汉大学出版社,2010.1
　教育部－Intel 精品课程
　ISBN 978-7-307-07452-1

Ⅰ.多…　Ⅱ.武…　Ⅲ.并行程序—程序设计　Ⅳ.TP311.1

中国版本图书馆 CIP 数据核字(2009)第 218825 号

责任编辑：胡　艳　　　责任校对：黄添生　　　版式设计：支　笛

出版发行：**武汉大学出版社**　（430072　武昌　珞珈山）
　　　　　（电子邮件：cbs22@whu.edu.cn　网址：www.wdp.com.cn）
印刷：通山金地印务有限公司
开本：787×1092　1/16　印张：14　字数：349 千字　插页：1
版次：2010 年 1 月第 1 版　　2010 年 1 月第 1 次印刷
ISBN 978-7-307-07452-1/TP·347　　　　定价：27.00 元（随书配 CD－ROM 一张）

版权所有，不得翻印；凡购买我社的图书，如有缺页、倒页、脱页等质量问题，请与当地图书销售部门联系调换。

## 内容简介

本书涉及多核硬件和软件技术，主要包括多核体系架构及其并行编程技术。本书从硬件架构入手，介绍了多核处理器、多核支持芯片组和相关操作系统的发展历程与趋势。本书侧重论述了多核并行程序设计的基础理论和技术，详细介绍了多线程程序设计方法与常用的并行程序开发工具 OpenMP，并结合 Intel 提供的软件调优工具介绍了多核程序设计的优化方法。此外，还详细介绍了一些典型的专业化多核应用开发平台，包括 Intel 高性能集成基元开发库（IPP）、面向计算机视觉的多核编程工具 OpenCV、MATLAB 并行开发工具包和面向检测自动化的专业化软件 LabView 的多核编程工具等。

本书是高等院校信息类专业高年级本科生或低年级研究生的教科书，同时也可供相关领域的科研人员和工程技术人员参考。

# 序

　　提升处理器计算功能一贯的做法是增加时钟脉冲的频率。不过这个技术方案已经到了瓶颈阶段。而增加处理器核的数量,不仅能提升计算功能,也能解决能耗、散热与复杂设计方案所带来的问题。随着多核处理器的迅速发展与推广,并行计算蓬勃发展起来,不需多时,并行计算将会成为主流。短短几年的光景,多核处理器已成为个人电脑(PC)的独一配备,也陆续进军嵌入式系统、移动互联网设备(MID)等领域。然而,从软件开发的角度来看,怎样去充分发挥与利用多核计算系统的潜能是非常复杂的,这是一片开阔的、充满挑战的学术领域。

　　近年来,由于应用开发的需求,大芯片厂家,如英特尔(Intel),大力研发推广多核多线程的软件开发工具,并支持相关课程开发与教材编写。但以中文编写的教材至今只有2007年由浙江大学、复旦大学、清华大学、北京大学、上海交通大学共同组织编写的,由清华大学出版社出版的《多核程序设计》。由武汉大学多核架构与编程技术课程组编著的这本书的出版,为广大的在校学生、在职的技术人员提供了学习更新的多核多线程软件开发工具的途径。本书从多核编程的基本概念入手,由浅入深,加强了多核编程的实例应用分析,突出了多核编程的实践性特点,对推进我国并行计算、多核编程技术的发展有重大的影响。

杨家海<br>
2009 年 11 月 20 日<br>
于香港九龙清水湾

# 前　言

随着处理器技术的迅猛发展，Inter、AMD、IBM 和 Sun 等知名厂商纷纷推出了在单片芯片上集成多个执行核的微处理器产品。目前，无论是桌面应用、移动应用、服务器还是嵌入式平台，都开始广泛采用多核架构，现代计算平台已全面进入多核时代。

微处理器的发展进一步促进了并行计算的发展与普及，同时为软件开发人员提供了新的机遇和挑战。以前，软件开发人员很少关心程序的并行化问题，因为在单核计算机平台上，程序只能并发执行，而非真正地并行执行，并行程序与串行程序无明显差异。而在多核计算机平台上，平行程序与串行程序性能差异明显。因此，在多核计算平台上设计多核程序，对于程序性能的提升显得尤为重要。掌握多核架构知识与具备多核程序设计能力已成为程序开发人员必备的素质之一。

程序设计一直是高等院校各专业的一门重要的基础课程，开设与多核架构与编程开发相关的课程不仅是时代的需求，也是培养高素质复合人才的需要。

目前，大多数与多核程序设计相关的教材是面向计算机专业的，这些教材很少涉及与电子信息处理领域直接相关的问题，对于非计算机专业的学生而言，缺少足够的面向专业的多核编程指导。因此，编写适用于非计算机专业的，尤其是针对电子信息专业的多核编程教材已是广泛而迫切的现实需求。

本书第 1 章介绍了微处理器和并行计算机的发展历程与趋势；第 2 章主要介绍了多核处理器的架构与并行计算的模型；第 3 章详细介绍了多线程编程的基础和基本方法；第 4 章详细介绍了 OpenMP 程序设计技术；第 5 章介绍了如何运用专业的多核工具来调试和优化多核程序；第 6 章详细介绍了 Intel 高性能集成基元开发库的编程方法及其在信号处理中的应用；第 7 章介绍了一些典型的专业化多核应用开发平台，包括面向计算机视觉的多核编程工具 OpenCV、MATLAB 并行开发工具包和面向检测自动化的专业化软件 LabView 的多核编程工具等。全书既涉及多核的硬件知识，又涉及多核的软件知识；既注重通用编程，又强调与专业化编程相结合。实用化和专业化是本书的宗旨。

本书可作为高等院校信息技术相关专业的本科生和研究生教材，也可供相关领域的科研人员和工程技术人员参考。

本书的出版是团队协作努力的结果。在此，对为本书的编写付出辛勤劳动的人们致以特别感谢。本书第 1 章主要由谢银波和杨建峰编写，第 2 章主要由饶云华编写，第 3、4 章主要由孙涛编写，第 5 章主要由谢银波编写，第 6 章主要由李立编写，第 7 章主要由郑宏编写。周建国参与了本书部分材料的收集和整理工作。全书由郑宏整理定稿。武汉大学出版社王金龙和胡艳等同志为本书的出版做了大量工作。张清、陈晓君和徐骅参与了部分核对工作。在此，对以上人员表示衷心感谢。本书为读者配有光盘，其中包含了 Intel 的主要多核工具软件和本书第 5 章的代码。

由于作者水平有限，书中难免存在一些不足和错误，恳请广大读者批评指正。

编著者<br>
2009 年 11 月

# 目 录

## 第1章 导论 ... 1
### 1.1 微处理器 ... 1
#### 1.1.1 单核处理器 ... 1
#### 1.1.2 多核处理器 ... 6
#### 1.1.3 未来处理器的发展趋势 ... 9
### 1.2 并行计算平台 ... 10
#### 1.2.1 并行计算机的发展历程 ... 11
#### 1.2.2 并行计算机系统的体系结构 ... 12
#### 1.2.3 并行计算机系统的性能指标 ... 18

## 第2章 多核处理器架构与并行计算 ... 23
### 2.1 单芯片多核处理器构架 ... 23
#### 2.1.1 多核芯片与处理器 ... 23
#### 2.1.2 多核单芯片架构 ... 25
#### 2.1.3 主流多核架构 ... 25
#### 2.1.4 多核架构性能问题 ... 35
### 2.2 多核处理器及其外围芯片组 ... 37
#### 2.2.1 CPU 外围的主板芯片组 ... 37
#### 2.2.2 嵌入式软件 ... 39
#### 2.2.3 EFI 软件对多核芯片的支持 ... 42
### 2.3 多核处理器的并行计算模型 ... 43
#### 2.3.1 微处理器中的并行计算 ... 45
#### 2.3.2 SIMD 同步并行计算模型 ... 46
#### 2.3.3 MIMD 异步并行计算模型 ... 48
#### 2.3.4 并行程序设计模型 ... 49

## 第3章 多线程编程基础 ... 51
### 3.1 多线程概念 ... 51
#### 3.1.1 何谓多线程 ... 51
#### 3.1.2 用户线程与内核线程 ... 52
### 3.2 多线程模型与层次 ... 53
#### 3.2.1 多对一模型 ... 53
#### 3.2.2 一对一模型 ... 53

    3.2.3　多对多模型 …………………………………………………………… 53
    3.2.4　多线程的层次 ………………………………………………………… 54
  3.3　Windows 多线程编程基础知识 ………………………………………………… 56
    3.3.1　基础知识 ……………………………………………………………… 56
    3.3.2　例程 …………………………………………………………………… 58
  3.4　多线程的同步及其编程 ………………………………………………………… 62
    3.4.1　临界区同步 …………………………………………………………… 62
    3.4.2　互斥量同步 …………………………………………………………… 67
    3.4.3　信号量同步 …………………………………………………………… 69
    3.4.4　事件同步 ……………………………………………………………… 71
    3.4.5　死锁问题 ……………………………………………………………… 72

## 第 4 章　OpenMP 多线程编程 …………………………………………………………… 76

  4.1　OpenMP 编程简介 ……………………………………………………………… 76
    4.1.1　OpenMP 及其特点简介 ……………………………………………… 76
    4.1.2　OpenMP 发展历史 …………………………………………………… 77
  4.2　OpenMP 编程基础 ……………………………………………………………… 78
    4.2.1　OpenMP 体系结构 …………………………………………………… 78
    4.2.2　fork-join 并行模型 …………………………………………………… 79
    4.2.3　OpenMP 编程 ………………………………………………………… 79
    4.2.4　OpenMP 指令库 ……………………………………………………… 81
    4.2.5　指导语句作用域 ……………………………………………………… 83
    4.2.6　主要编译指导语句 …………………………………………………… 84
  4.3　OpenMP 编程实例及分析 ……………………………………………………… 90
    4.3.1　OpenMP 编程环境变量 ……………………………………………… 90
    4.3.2　常用指导语句用法 …………………………………………………… 90
    4.3.3　OpenMP 实例分析比较 ……………………………………………… 96

## 第 5 章　多核程序调试与性能优化 ……………………………………………………… 101

  5.1　Intel C++ 编译器 ………………………………………………………………… 101
    5.1.1　Intel C++ 编译器简介 ………………………………………………… 101
    5.1.2　Intel C++ 编译器的调用 ……………………………………………… 102
    5.1.3　使用 Intel C++ 编译器优化应用程序 ………………………………… 105
  5.2　Intel VTune 性能分析器 ………………………………………………………… 107
    5.2.1　Intel VTune 性能分析器简介 ………………………………………… 107
    5.2.2　Intel VTune 性能分析器的使用 ……………………………………… 108
    5.2.3　利用 VTune 性能分析器优化分析应用程序性能 …………………… 116
  5.3　线程检测器 ……………………………………………………………………… 118
    5.3.1　线程检测器简介 ……………………………………………………… 118
    5.3.2　线程检测器的使用 …………………………………………………… 119

5.3.3 使用线程检测器查找应用程序的潜在问题 ································ 122
5.4 线程档案器 ································································ 125
  5.4.1 线程档案器简介 ····················································· 125
  5.4.2 线程档案器的使用 ··················································· 125
  5.4.3 线程档案器优化应用程序性能 ······································· 131

# 第6章 高性能多核编程——IPP 程序设计 ································ 133
6.1 IPP 简介与使用 ····························································· 133
  6.1.1 什么是 Intel IPP ····················································· 133
  6.1.2 IPP 与 Intel 其他组件的关系 ········································ 135
  6.1.3 IPP 的安装 ··························································· 136
6.2 IPP 编程技术基础 ·························································· 139
  6.2.1 架构与接口 ··························································· 139
  6.2.2 IPP 基本编程方法 ··················································· 148
6.3 IPP 编程实例 ································································ 152
  6.3.1 基于 IPP 的数字信号处理编程 ····································· 152
  6.3.2 基于 IPP 的数字图像处理编程 ····································· 156

# 第7章 面向应用的多核编程工具 ············································· 177
7.1 面向计算机视觉的多核编程工具——OpenCV ···························· 177
  7.1.1 OpenCV 的主要特点 ················································ 177
  7.1.2 OpenCV 的主要功能 ················································ 178
  7.1.3 OpenCV 的体系结构 ················································ 178
  7.1.4 基于 OpenCV 的应用程序的开发步骤与示例 ···················· 180
7.2 面向检测自动化的多核编程工具——LabView 8.5 ······················· 182
  7.2.1 LabView 8.5 简介 ···················································· 182
  7.2.2 LabView 多核编程示例 ············································· 183
  7.2.3 LabView 多核应用示例 ············································· 186
7.3 面向科学计算的多核编程工具——MATLAB 分布式计算工具包 ········ 193
  7.3.1 MATLAB 分布式计算工具包简介 ·································· 193
  7.3.2 分布式计算工具包的主要功能 ······································ 194
  7.3.3 分布式计算工具包的基本编程 ······································ 195

**附录 Visual Studio 配置说明** ················································· 209

**参考文献** ············································································ 211

# 第1章 导　　论

　　CPU（central processing unit，中央处理器），又称为微处理器（Microprocessor），是现代计算机的核心部件，其内部结构归纳起来可分为控制单元、逻辑单元和存储单元三大部分，这三个部分相互协调，对命令和数据进行分析、判断、运算，并控制计算机各部分协调工作。对于个人电脑（PC机）而言，CPU的规格与频率常作为衡量一台计算机性能强弱的重要指标。

　　由于微处理器具有体积小、重量轻、功耗低、功能强、可靠性高、结构灵活、使用环境要求低、价格低廉等一系列特点和优点，因此得到了广泛的应用，使计算机真正进入到人类社会生产和生活的各个方面。过去，计算机只限于各部门、各单位少数专业人员使用，现在已普及到广大民众乃至中小学生，成为人们工作和生活不可缺少的工具，从而将人类社会推进到了信息时代。

## 1.1　微处理器

　　CPU从最初发展至今已经有20多年的历史了，这期间，按照CPU处理信息的字长，可以分为：4位微处理器、8位微处理器、16位微处理器、32位微处理器以及正在快速发展中的64位微处理器；按CPU内部结构中核心数的多少，又可分为：单核和多核。可以说，个人电脑的发展是随着CPU的发展而前进的。

### 1.1.1　单核处理器

　　单核处理器最早可以追溯到1971年Intel公司推出的世界上第一片用于计算机的4位微处理器4004，如图1.1所示，它包含2 300个晶体管，由于性能很差，其市场反应十分不理想。

　　随后，Intel公司又研制出了8080处理器、8085处理器，加上当时Motorola公司的MC 6800微处理器和Zilog公司的Z 80微处理器，一起组成了8位微处理器的家族，如图1.2所示。

　　16位微处理器的典型产品是Intel公司的8086微处理器，如图1.3(a)所示，以及同时生产出的数字协处理器，即8087，如图1.3(b)所示。这两种芯片使用互相兼容的指令集，但在8087指令集中增加了一些专门用于对数、指数和三角函数等数学计算的指令，由于这些指令应用于8086和8087，因此被

图1.1　4位微处理器 Intel 4004

(a) Intel 8080　　(b) Intel 8085　　(b) MC 6800　　(d) Zilog Z80

图 1.2　8 位微处理器

人们统称为 x86 指令集。此后，Intel 公司推出的新一代的 CPU 产品均兼容原来的 x86 指令。

1979 年，Intel 公司推出了 8088 芯片，它仍是 16 位微处理器，内含 29 000 个晶体管，时钟频率为 4.77MHz，地址总线为 20 位，可以使用 1MB 内存。8088 芯片的内部数据总线是 16 位，外部数据总线是 8 位。1981 年，8088 芯片被首次用于 IBM PC 机当中，PC 机的第一代 CPU 便由此产生。1982 年的 80286 芯片（见图 1.3（c））虽然是 16 位芯片，但其内部已包含 13.4 万个晶体管，时钟频率也达到了前所未有的 20MHz，其内、外部数据总线均为 16 位，地址总线达到 24 位。

 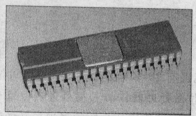 

(a) Intel 8086　　(b) Intel 8087 数字协处理器　　(c) Intel 80286

图 1.3　16 位微处理器

1985 年，Intel 公司推出 32 位微处理器的代表产品 80386（见图 1.4（a）），这是一种全 32 位微处理器芯片，也是 x86 家族中第一款 32 位芯片，其内部包含 27.5 万个晶体管，初始时钟频率为 12.5MHz，后逐步提高到 33MHz。80386 的内部和外部数据总线都是 32 位，地址总线也是 32 位，可以寻址到 4GB 内存。它除了具有实时模式和保护模式以外，还增加了一种虚拟 x86 的工作方式，可以通过同时模拟多个 8086 处理器来提供多任务能力。1989 年，Intel 公司又推出准 32 位处理器芯片 80386SX，其内部数据总线为 32 位，外部数据总线为 16 位。但 386 处理器没有内置协处理器，因此不能执行浮点运算指令，如果需要进行浮点运算，则必须额外配置昂贵的 80387 协处理器芯片。

20 世纪 80 年代末、90 年代初，80486 微处理器（见图 1.4（b）、（c））面市，它集成了 120 万个晶体管，时钟频率由 25MHz 逐步提升到 50MHz。80486 是将 80386 和数字协处理器 80387 以及一个 8KB 的高速缓存集成在一个芯片内，并在 x86 系列中首次使用了 RISC（精简指令集）技术，可以在一个时钟周期内执行一条指令。它还采用了突发总线方式，大大提高了与内存的数据交换速度，由于这些改进，80486 的性能比带有 80387 协处理器的 80386 提高了 4 倍。

(a)Intel 80386微处理器　　　(b)Intel 80486微处理器　　　(c)AMD 80486微处理器

图1.4　32位微处理器

1993年3月，全面超越80486的新一代微处理器80586问世后，为了摆脱80486时代处理器名称混乱的困扰，最大的CPU制造商Intel公司把自己的新一代产品命名为Pentium（奔腾），以区别AMD和Cyrix的产品，相继推出Pentium、Pentium Pro和Pentium MMX（多媒体扩展指令集）系列处理器，如图1.5所示。

(a) Pentium微处理器　　　(b) Pentium Pro微处理器　　　(c) Pentium MMX微处理器

图1.5　Intel Pentium系列微处理器

AMD、Cyrix和IBM公司则分别推出了各自相应的K5（见图1.6）、6x86处理器（见图1.7）。1997年4月，Intel公司推出Pentium II（奔腾二代）产品（见图1.8），该处理器采用0.35μm工艺制造，内部集成750万个晶体管，采用了双重独立总线结构，即其中一条总线连通二级缓存，另一条负责主要内存。Pentium II使用了一种脱离芯片的外部高速L2 Cache，容量为512KB，并以CPU主频的一半速度运行，作为一种补偿，Intel公司将Pentium II的L1 Cache从16KB增至32KB。

图1.6　AMD K5微处理器　　　图1.7　6x86微处理器

图 1.8 Intel Pentium II 微处理器

继 1997 年推出采用 0.35μm 工艺制造的 K6 微处理器，AMD 于 1998 年 4 月又正式推出 K6-2 微处理器（见图 1.9），它采用 0.25μm 工艺制造，芯片面积减小到了 $68mm^2$，晶体管数目也增加到 930 万个。另外，K6-2 具有 64KB L1 Cache，二级缓存集成在主板上，容量为 512KB 到 2MB 之间，速度与系统总线频率同步，工作电压为 2.2V，并支持 Socket 7 架构。

1999 年 6 月 23 日，AMD 公司推出了 K7 微处理器，并将其正式命名为 Athlon（见图 1.10）。2000 年后，AMD 公司将部分面向低端应用的产品命名为 Duron 系列。K7 有两种规格的产品：第一种采用 0.25μm 工艺制造，使用 K7 核心，工作电压为 1.6V（其缓存以主频速度的一半运行）；第二种采用 0.18μm 工艺制造，使用 K75 核心，工作电压有 1.7V 和 1.8V 两种。上述两种类型的 K7 微处理器内部都集成了 2 130 万个晶体管，外频均为 200MHz。

图 1.9 AMD K6-2 微处理器

图 1.10 AMD Athlon 微处理器

在 1998 年至 1999 年间，Intel 公司推出了比 Pentium II 功能更强大的至强微处理器 Xeon。该款微处理器使用的核心和 Pentium II 基本相同，采用 0.25μm 工艺制造，支持 100MHz 外频。Xeon 最大可配备 2MB Cache，并运行在 CPU 核心频率下，它和 Pentium II 采用的芯片不同，被称为 CSRAM（custom static RAM，定制静态存储器）。除此之外，它支持 8 个 CPU

系统，使用36位内存地址和PSE模式（PSE36模式），最大可达800MB/s的内存带宽。至强微处理器主要面向对性能要求更高的服务器和工作站系统。

面向低端市场，Intel公司于1998年4月推出了一款廉价的赛扬微处理器Celeron（见图1.11）。早期的Celeron与Pentium II相比，主要差别是去掉了芯片上的L2 Cache，此举虽然大大降低了成本，但也正因为没有二级缓存，该微处理器在性能上有所不足。为弥补Celeron微处理器缺乏二级缓存的性能上的不足，Intel公司发布了采用Mendocino核心的新Celeron微处理器Celeron 300A、333、366，采用0.25μm工艺制造，同时它采用Slot 1架构及SEPP封装形式，内建32KB L1 Cache、128KB L2 Cache，且以与CPU相同的核心频率工作，从而大大提高了L2 Cache的工作效率。

图1.11　Intel Celeron微处理器

1999年春，Intel公司发布了采用Katmai核心的新一代微处理器——Pentium Ⅲ（见图1.12），俗称奔三，其起始主频为450MHz。该微处理器采用0.25μm工艺制造，内部集成950万个晶体管、Slot 1架构。它还具有以下新特点：系统总线频率为100MHz；采用第六代CPU核心P6微架构，针对32位应用程序进行优化，双重独立总线；一级缓存为32KB（16KB指令缓存加16KB数据缓存），二级缓存为512KB，以CPU核心速度的一半运行；采用SECC2封装形式；新增加了能够增强音频、视频和3D图形效果的SSE指令集。

2000年，Intel公司发布了Intel Pentium Ⅳ（见图1.13），俗称奔四。Pentium Ⅳ处理器的诞生，是Intel微处理器技术的另一个里程碑，这种基于0.18μm工艺技术，共容纳4 200万个晶体管的产品，采用了Intel全新的NetBurst体系架构，依靠超级流水线技术以及快速执行引擎、400MHz系统总线、改进的浮点运算等技术，为数字时代的用户提供了个性化的快速处理音频/视频、制作个人电影、下载MP3音乐、进行庞大3D游戏等功能。但随着处理器主频和内部集成晶体管数目的增加，处理器消耗的能量也开始大大增加。因为奔腾Ⅳ处理器的功率达到了72W，为了满足处理器所需的巨大电能，它需要在主板上附设额外的电源接口来满足处理器的供电需要，而由于发热量的增加，一个散热风扇也成了一个必需品。

图 1.12　Intel Pentium III 微处理器

图 1.13　Intel Pentium IV 微处理器

　　AMD 公司则在 2000 年 6 月连续推出了新款的 Thunderbird（雷鸟）、Duron（毒龙）微处理器。Thunderbird 是 AMD 公司面向高端的 Athlon 系列延续产品，采用 0.18μm 工艺制造，共有 Slot A 和 Socket A 两种不同的架构，但它们在设计上大致相同：均内置 128KB 的一级缓存和 256KB 的二级缓存，其二级缓存与 CPU 主频速度同步运行；工作电压为 1.70～1.75V，相应的功耗也比老的 Athlon 要小，集成 3 700 万个晶体管，核心面积达到 120mm²。Duron 微处理器是 AMD 公司首款基于 Athlon 核心改进的低端微处理器，其外频也是 200MHz，内置 128KB 的一级缓存和 64KB 的全速二级缓存，它的工作电压为 1.5V，因而功耗较 Thunderbird 小。而且它的核心面积是 100mm²，内部集成的晶体管数量为 2 500 万个，比 K7 核心的 Athlon 多 300 万个。在浮点性能上，基于 K7 体系的 Duron 明显优于采用 P6 核心设计的 Intel 系列微处理器。

　　2002 年，Intel 公司推出新款 Intel Pentium IV 处理器，内含创新的超线程技术（HT，hyper-threading）。超线程技术就是利用特殊的硬件指令，把两个逻辑内核模拟成两个物理芯片，让单个处理器都能使用线程级并行计算，进而兼容多线程操作系统和软件，减少了 CPU 的闲置时间，提高了 CPU 的运行效率。采用超线程技术，应用程序可在同一时间里使用芯片的不同部分。虽然单线程芯片每秒钟能够处理成千上万条指令，但是在任一时刻只能够对一条指令进行操作，而超线程技术可以使芯片同时进行多线程处理，从而使芯片性能得到提升。

　　2003 年，AMD 公司推出专为服务器及工作站设计的全球首款可与业内标准 x86 结构兼容的 64 位处理器——AMD Opteron 处理器，这是 64 位计算发展史上的里程碑，开创了 64 位的计算机时代。

## 1.1.2　多核处理器

　　多核处理器的出现是微处理器发展到一定阶段的必然产物，多核处理器体现出比同等单核处理器更高效的处理能力。举个简单的例子来说明，假如让一个高级厨师同时做两道菜，他一定会忙得不可开交，在两个灶台前手忙脚乱。但是，把同样的任务交给两个中级厨师去做，他们两个的工作肯定要比一个高级厨师轻松得多，并且在菜的质量和完成时间上也很有可能优于一个高级厨师。这也就解释了一个很普遍的疑问，即为什么双核的 CPU 频率低反而比单核高频率 CPU 性能好。

多核（即多核心）CPU是指，在同一个CPU硅晶片（Die）上集成了多个独立物理核心，每个核心都具有独立的逻辑结构，包括一二级缓存、执行单元、指令级单元和总线接口等逻辑单元，在实际工作中多个核心协同工作，能达到比具有同级单个独立物理核心（即单核）的CPU增倍的工作性能。从某种意义上说，技术的局限性决定了多核的出现是微处理器发展的必然。

在双核处理器发展之前，商业化处理器一直致力于单核处理器的发展，其性能已经发挥到极致，从1971年Intel公司推出的全球第一块由2 300个晶体管构成的通用型微处理器4004时，公司的联合创始人之一戈登·摩尔（Gordon Moore）就提出后来被业界奉为信条的"摩尔定律"——每过18个月，芯片上可以集成的晶体管数目将增加一倍。在一块芯片上集成的晶体管数目越多，意味着运算速度（即主频）就更快，例如，今天Intel公司的PentiumⅣ至尊版840处理器，晶体管数量已经增加至2.5亿个，相比当年的4004增加了10万倍；其主频也从最初的740kHz（每秒钟可进行74万次运算），增长到现在的3GHz（每秒钟运算30亿次）以上。

但应用对CPU资源的需求却远远超过CPU的发展速度，单核也越来越难以满足要求，其局限性也日渐明显，单核处理器的局限性主要表现在如下几个方面。

①仅靠提高频率的办法，难以实现性能的突破。当CPU提高到4GHz时，几乎接近目前CPU的工艺极限。

②并行化的要求提高，单一线程中已经不太可能提高更多的并行性。主要有两个方面的原因：一是不断增加的芯片面积提高了生产成本；二是设计和验证所花费的时间变得更长。

③通过通用x86处理器构建大规模集群，遭遇到前所未有的障碍。目前，应用对集群的需求，特别是对集群的处理能力的需求急剧增加，通过单核处理构建10万亿或更大规模的集群基本上没有可能。

④功耗与性能比问题日渐突出。芯片中的电路越来越小，处理器的电路"线宽"也不断减少，进入到纳米级，芯片中的电流非常容易泄漏到其他电路上，电流泄漏将使芯片的能耗增长30%，它还会使芯片温度过高和不稳定。

因此，设计既降低能耗又运行更快捷的处理器芯片，成为工程师们亟待解决的问题。在这种技术背景下，多核处理器应运而生，从单核（Single-core）到多核（Multi-core），不仅仅是处理器核心的数量的增多，对处理器体系架构、计算机整体架构、操作系统和应用软件也是一种巨大的挑战。

其实，早在1985年，Intel公司发布了80386DX，它需要与协微处理器80387相配合，从而完成需要大量浮点运算的任务。而80486则将80386和80387以及一个8KB的高速缓存集成在一个芯片内。从一定意义上来，80486可以称为多核处理器的原始雏形。

多核处理器最直接的发展则普遍认为始于IBM公司。IBM公司在2001年发布了双核RISC处理器Power4，它将两个64位PowerPC处理器内核集成在同一块芯片上，成为首款采用多核设计的服务器处理器。在UNIX阵营当中，两大巨头HP公司和SUN公司也相继在2004年2月和3月发布了名为PA-RISC 8800和Ultra SPARC Ⅳ的双内核处理器。

目前，多核处理器的推出已经愈加频繁，SUN公司在推出代号为Niagara的8核处理器之后迅速推出了具有8核64线程的Niagara 2处理器；IBM公司结合了1个PowerPC核心与8个协处理器构成的Cell微处理器已经正式投产，并应用于PS3主机、医学影像处理、3D计算机绘图、影音多媒体等领域。

而真正意义上让多核处理器进入主流桌面应用，是从 IA 阵营正式引入多核架构开始的。

AMD 公司在 2005 年 4 月推出了双核处理器 Opteron，专用于服务器和工作站。紧接着，它又推出了 Athlon 64 X2 双核系列处理器产品，专用于台式机。目前，应用于高端台式机和笔记本的 FX-60、FX-62 以及 Turion 64 X2 产品都已经出现在市场上。

2005 年 4 月 18 日，Intel 公司全球同步首发基于双核技术桌面产品 Pentium D 处理器，如图 1.14（a）所示，正式揭开 x86 处理器多核心时代。

2006 年 1 月，Intel 公司发布了 Pentium D 9xx 系列处理器，包括了支持 VT 虚拟化技术的 Pentium D 960（3.60GHz）、950（3.40GHz）和不支持 VT 的 Pentium D 945（3.4GHz）、925（3GHz）。同年 5 月，Intel 公司发布了其服务器芯片 Xeon 系列的新成员——双核芯片 Dempsey，该产品采用了 65nm 工艺制造，其 5030 和 5080 型号的主频在 2.67GHz 和 3.73GHz 之间。

2006 年 7 月，Intel 公司面向家用和商用个人电脑与笔记本电脑，发布了 10 款全新 Intel 酷睿 II 双核处理器（见图 1.14（b））和 Intel 酷睿至尊双核处理器。2006 年底，继双核之后，Intel 公司又发布了采用 65nm 工艺制造的业界首款四核处理器 Clovertown 至强 5300（见图 1.14（c））；AMD 公司则推出代号为巴塞罗那的四核处理器，IA 架构处理器从此进入四核时代。2007 年，Intel 公司发布了四路四核心处理器 Tigerton，它的推出代表着 Intel 公司的 PC 与服务器处理器全面转换成酷睿架构。2008 年，随着全新 Nahelem 架构的发布，x86 处理器告别酷睿时代，翻开新的篇章。在不远的未来，Intel 公司将推出其 TerraFlops 80 核，甚至更多核的处理器，这里的"80 核"只是一种概念，并不是说处理器正好拥有 80 个物理核心，而是指处理器拥有大量规模化并行处理能力的核心，TerraFlops 处理器将拥有至少 28 个核心，不同的核心有不同的处理领域，整个处理器运算速度将达到每秒万亿次。

(a) Pentium D 微处理器

(b) Core2 Duo 微处理器

(c) 至强 5300 微处理器

图 1.14 Intel 多核微处理器

多核处理器主要具有以下几个显著的优点。

① 控制逻辑简单：相对超标量微处理器结构和超长指令字结构而言，单芯片多处理器结构的控制逻辑复杂性要明显低得多，相应的单芯片多处理器的硬件实现必然要简单得多。

② 高主频：由于单芯片多处理器结构的控制逻辑相对简单，包含极少的全局信号，因此线延迟对其影响比较小，因此，在同等工艺条件下，单芯片多处理器的硬件实现要获得比超标量微处理器和超长指令字微处理器更高的工作频率。

③ 低通信延迟：由于多个处理器集成在一块芯片上，且采用共享 Cache 或内存的方式，

多线程的通信延迟会明显降低，这样也对存储系统提出了更高的要求。

④ 低功耗：它可以将多个任务分给多个核去做，也可以将一个任务分给多个核去做，这样虽然对于单核和多核来说总任务量是一样的，但是多核CPU在处理任务的时候，每个核都只是完成总任务的一小部分，所以占用每个核的使用率很低，这样使得每个核的发热量都很小。

## 1.1.3 未来处理器的发展趋势

应用需求的不断提高是计算机发展的根本动力，Internet的应用、P2P和普适计算的应用都促使计算机性能不断提升，多核技术已经成为微处理器技术的重要技术支点。大型企业的ERP、CRM等复杂应用，科学计算、政府的大型数据库管理系统、数字医疗、电信、金融等领域都需要高性能计算，都需要多核技术乃至多核微处理器的支持。无疑，未来将是多核微处理器的时代。

多核CPU在设计上将更为灵活，它已不局限于双核的对称（即同构）设计，缓存单元与任务分配更合理，核心间通信更快捷，这些特性决定了它在芯片设计方面，对称和非对称（即同构和异构结构）将成为两大发展方向。

按计算内核的对等与否，片上多核处理器（CMP，chip multi-processor）可分为同构多核和异构多核。

计算内核相同、地位对等的称为同构多核，Intel公司和AMD公司现在主推的双核处理器，就是同构的双核处理器。

很早以前就有专家指出，同构多核具有局限性，即使增加集成CPU内核的数量，根据用途不同，有时并不能相应地提高性能。这就是所谓的"Amdahl定律"。Amdahl定律的看法是，即使通过增加同种CPU内核数量，具备并行处理能力，但处理量（处理成果）存在着来自必须逐次执行软件的限制。

计算内核不同、地位不对等的称为异构多核。异构多核多采用"主处理核+协处理核"的设计，IBM、索尼和东芝等公司联手设计推出的Cell处理器正是这种异构架构的典范。处理核本身的结构关系到整个芯片的面积、功耗和性能。怎样继承和发展传统处理器的成果，直接影响多核的性能和实现周期。同时，根据Amdahl定律，程序的加速比决定于串行部分的性能，所以，从理论上来看，似乎异构微处理器的结构具有更好的性能。

目前，图形芯片具有的浮点运算性能已经大大超越了处理器。如果能够灵活运用，随着图形芯片的发展，将会涌现出各种各样新的应用。在占据PC及服务器主流地位的x86处理器中，围绕GPU（图形处理单元）展开的相关研发工作已成为一大热点。

从电脑出现直到20世纪90年代，显示器上的画面都是2D的，无论是一个汉字还是一张图片。早期显卡只是一个命令执行者，一切都需要听CPU的，其充当的角色仅仅是CPU的助手。但是，随着3D渲染概念的出现，CPU和显卡之间的关系就出现了变化。由于早期的显卡只能处理2D图像，并不知道如何进行3D图形处理，因此CPU不得不将3D渲染指令编译成显卡能识别的2D指令，长此以往，CPU整天疲于为显卡进行指导工作，抽不出时间来干本职工作，而导致工作效率低下，于是显示卡商们决定给显卡加上3D处理能力。

自从拥有3D处理能力，显卡在计算机系统的作用已经从过去不显眼的角色上升到比较重要的位置，辅助并分担此前由CPU来执行的3D图形加速方面的大量计算。如果屏幕上需要渲染3D图形，那么CPU只要把这个指令原封不动地告诉显卡就可以了，至于怎么进行

3D渲染，就让显卡自己去想办法解决。为了突现显卡的重要性，有人开始把图形处理单元（GPU）称为图形处理器。从R300到NV40，再到现在最新的G92、RV670，每一代旗舰GPU的晶体管都大大超过了同期的顶级CPU，也在挑战其同期半导体工艺的极限。

不过，在CPU不断更新换代的趋势下，作为图像处理核心芯片的图像处理器（GPU）也在探索自己的出路，并不甘心屈身于实时图形渲染领域。毕竟，随着近年来CPU技术的不断发展，GPU与CPU的并存、GPU本身的发展等，逐渐成为GPU厂商不得不面对的问题。10年前，GPU所遇到的挑战还不算大，如只需保证10 000个数据输入、计算后能输出100万个像素，并进行显示就可以了。这类应用中，输入数据明少于输出数据，我们称其为"小进大出"。而今天，用户的图形计算模式越来越复杂，显示结果上却没有太大的变化，1 000万个数据输入后，输出的可能还是100万个像素。图形芯片已经从"小进大出"变为"大进小出"。

GPU和CPU均有各自擅长的领域。CPU偏向于序列计算，而GPU则偏向于并行计算；CPU目前正在向多核方向发展，而GPU则是向群核方向发展。GPU已经日益凸显出重要性，新的视觉计算时代已经到来。目前，绝大多数主流应用都朝着3D化、高清化方向发展，这正是GPU运算给用户带来的体验改善，CPU和GPU既分工又合作，两者不可或缺。

然而，如何能使自己的PC在最大范围内达到这种需求，就需要不断地进行技术优化。但此时，优化的重心已经不再是CPU本身了。毕竟，当双核和四核乃至多核已经成为当前PC的主流时，CPU的提升空间开始减缓之后，人们对PC的关注度开始逐渐从CPU转移，而GPU，即显卡的核心，开始脱颖而出。比如，早在XBOX360、PS3设计之中，就是以显卡处理为中心，无论在架构复杂性、功能性上都体现了其无可替代的地位。而现在PC产品也以人的需求为中心，人们对娱乐的要求越来越高，所以影音视频的处理在整机中也显得越发重要。尤其是那些喜欢游戏的玩家、用PC观赏高清大片和享受互联网上各种3D应用的人们，乃至从事图形制作、3D制作的人员，都对GPU有了一种全新的依赖，即使是微软这样的操作系统大鳄，在推出自己跨时代的Vista系统时，也把GPU作为衡量Vista应用的一个基本硬件条件。GPU在PC中的地位早已经从昔日的CPU跟班的角色蜕变成一个耀眼的明星。

随着应用需求的扩大和技术的不断进步，多核必将展示出其强大的性能优势。多核处理器是处理器发展的必然趋势，无论是移动与嵌入式应用、桌面应用还是服务器应用，都将采用多核的架构，因此可以肯定，多核技术应用前景广阔。

## 1.2 并行计算平台

人们之所以对并行性感兴趣，是因为在现实世界中存在着固有的并行性。其实，在日常生活中，人们可能自觉或不自觉地都在运用着并行，如一边听演讲一边笔记，就是听觉、视觉和手写的并行。这类例子不胜枚举。然而，在处理很多事务时，如进行推理和计算，人们又习惯用串行方式，在这种情况下，要改用而且要用好并行性也并非易事。同时，就计算科学而言，并行计算理论仍处于发展阶段，特别是早期的并行机都很昂贵，编写并行软件又很难，所以并行性的优点尚未被普遍认同。随着计算机软、硬件技术的不断发展，特别是多核技术的出现，为并行计算的发展创造了完备的发展空间和条件。

并行计算（parallel computing）是指同时使用多种计算资源解决计算问题的过程。为执行并行计算，计算资源应包括一台配有多处理机（并行处理）的计算机、一个与网络相连的计算机专有编号，或者两者结合使用。并行计算的主要目的是快速解决大型且复杂的计算问题。此外，还包括：利用非本地资源，节约成本，使用多个"廉价"计算资源取代大型计算机，同时克服单个计算机上存在的存储器限制。

传统的串行计算是指在单个计算机（具有单个中央处理单元）上执行软件写操作。CPU逐个使用一系列指令解决问题，但其中只有一种指令可提供随时并及时的使用。并行计算是在串行计算的基础上演变而来的，它努力仿真自然世界中的事务状态：一个序列中有众多同时发生的、复杂且相关的事件。

### 1.2.1 并行计算机的发展历程

现代计算机发展历程可以分为两个明显的发展时代：串行计算机时代和并行计算机时代。

并行计算机是由一组处理单元组成的，这组处理单元通过相互之间的通信与协作，以更快的速度共同完成一项大规模的计算任务。因此，并行计算机的两个最主要的组成部分是计算节点和节点间的通信与协作机制。并行计算机体系结构的发展也主要体现在计算节点性能的提高以及节点间通信技术的改进两方面。

20世纪60年代初期，由于晶体管以及磁芯存储器的出现，处理单元变得越来越小，存储器也更加小巧和廉价。这些技术发展的结果导致了并行计算机的出现，这一时期的并行计算机多是规模不大的共享存储多处理器系统，即所谓大型主机（Mainframe）。IBM 360 是这一时期的典型代表。到了20世纪60年代末期，同一个处理器开始设置多个功能相同的功能单元，流水线技术也出现了。与单纯提高时钟频率相比，这些并行特性在处理器内部的应用大大提高了并行计算机系统的性能。

历史上出现过的并行计算机，从系统结构的角度来分类，一般有以下几种。

**1. 分布式存储器的 SIMD 处理机**

它含有多个同样结构的处理单元（PE），通过寻径网络以一定方式互相连接。每个 PE 有各自的本地存储器（LM）。在阵列控制部件的统一指挥下，实现并行操作。程序和数据通过主机装入控制存储器。由于通过控制部件的是单指令流，所以指令的执行顺序还是和单处理机一样，基本上是串行处理。指令送到控制部件进行译码。如果是标量指令，则直接由标量处理机执行；如果是向量指令，则阵列控制部件通过广播总线将它广播到所有 PE 并行执行。划分后的数据集合通过向量数据总线分布到所有 PE 的本地存储器 LM。PE 通过数据寻径网络互连。数据寻径网络执行 PE 间的通信。控制部件通过执行程序来控制数据寻径网络。PE 的同步由控制部件的硬件实现。也就是说，所有 PE 在同一个周期执行同一条指令，但可以用屏蔽逻辑来决定任何一个 PE 在给定的指令周期执行或不执行指令。

**2. 向量超级计算机（共享式存储器 SIMD）**

这是集中设置存储器的一种方案。共享的多个并行存储器通过对准网络与各处理单元 PE 相连。存储模块的数目等于或略大于处理单元的数目。为了减少存储器访问冲突，存储器模块之间必须合理分配数据。通过灵活高速的对准网络，使存储器与处理单元之间的数据传送在大多数向量运算中都能以存储器的最高频率进行。这种共享存储器模型在处理单元数目不太大的情况下是很理想的。如美国宝来公司的 BSP 计算机就采用了这种结构，16 个 PE 通过一个 16×17 的对准网络访问 17 个共享存储器模块。存储器模块数与 PE 数互质可以实现无冲突并行访问存储器。

**3. 对称多处理器（SMP）**

SMP 是指在一个计算机上汇集了一组处理器，各处理器之间共享内存子系统以及总线结构。它是相对非对称多处理技术而言的、应用十分广泛的并行技术。在这种架构中，一台电脑不再由单个 CPU 组成，而同时由多个处理器运行操作系统的单一复本，并共享内存和一台计算机的其他资源。虽然同时使用多个 CPU，但是从管理的角度来看，它们的表现就像一台单机一样。系统将任务队列对称地分布于多个 CPU 之上，从而极大地提高了整个系统的数据处理能力。所有的处理器都可以平等地访问内存、I/O 和外部终端。在对称多处理系统中，系统资源被系统中所有 CPU 共享，工作负载能够均匀地分配到所有可用处理器。

**4. 并行向量处理机（PVP）**

在并行向量处理机中，有少量专门定制的向量处理器，每个向量处理器有很高的处理能力。并行向量处理机通过单个向量处理和多个向量处理器并行处理两条途径来提高处理能力。并行向量处理机通常使用定制的高带宽网络将向量处理器连向共享存储器模块。存储器可以以很高的速度向处理器提供数据。这种处理机通常不使用高速缓存，而是使用大量的向量寄存器和指令缓冲器。

**5. 集群计算机**

集群计算机是随着微处理器和网络技术的进步而逐渐发展起来的，它主要用来解决大型计算问题。集群计算机是一种并行或分布式处理系统，由很多连接在一起的独立计算机组成，像一个单独集成的计算机资源一样协同工作。计算机节点可以是一个单处理器或多处理器的系统，拥有内存、I/O 设备和操作系统。一个集群一般是指连接在一起的两个或多个计算机（节点）。节点可以是在一起的，也可以是物理上分散而通过网络连接在一起的。一个连接在一起的计算机集群对于用户和应用程序来说，像一个单一的系统，这样的系统可以提供一种价格合理且可获得所需性能和快速而可靠的服务的解决方案，而在以往，这只能通过更昂贵的专用共享内存系统来达到。

并行计算机与超级计算机技术为多核计算机的出现奠定了基础，而集成电路技术是多核芯片得以实现的物理条件。

## 1.2.2 并行计算机系统的体系结构

对并行计算机的分类有多种方法，其中最著名的是 1966 年由 Flynn 提出的分类法，称为 Flynn 分类法。Flynn 分类法是根据计算机的运行机制进行分类的。Flynn 根据指令流和数据流的不同组织方式，把计算机系统的结构分为以下四类：

单指令流单数据流（SISD，single instruction stream single data stream）；
单指令流多数据流（SIMD，single instruction stream multiple data stream）；
多指令流单数据流（MISD，multiple instruction stream single data stream）；
多指令流多数据流（MIMD，multiple instruction stream multiple data stream）。

其中，指令流（instruction stream）是指计算机执行的指令序列；数据流（data stream）是指令流调用的数据序列，包括输入数据和中间结果。

**(1) SISD**

SISD 计算机是传统的顺序执行的计算机，在同一时刻只能执行一条指令（即只有一个控制流）、处理一个数据（即只有一个数据流）。

SISD 计算机通常由一个处理器和一个存储器组成，如图 1.15 所示。它通过执行单一的指令流，对单一的数据流进行操作，指令按顺序读取，数据在每一时刻也只能读取一个。

其主要缺点是单个处理器的处理能力有限，同时，这种结构也没有发挥数据处理中的并行潜力，在实时系统和高速系统中，很少采用 SISD 结构。

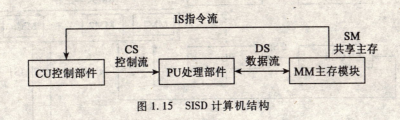

图 1.15 SISD 计算机结构

(2) SIMD

SIMD 计算机属于并行结构计算机，一条指令可以同时对多个数据进行运算。

SIMD 计算机由单一的指令控制部件控制，按照同一指令流的要求，为多个处理单元分配各不相同的数据，并进行处理。SIMD 系统结构由一个控制器、多个处理器、多个存储模块和一个互联网络组成，如图 1.16 所示。

SIMD 计算机以阵列处理机和向量处理机为代表。

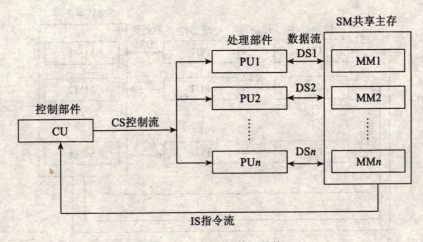

图 1.16 SIMD 计算机结构

(3) MISD

MISD 计算机具有多个处理单元，这些处理单元组成一个线性阵列，分别执行不同的指令流，而同一个数据流则顺序通过这个阵列中的各个处理单元，如图 1.17 所示。

MISD 系统结构只适用于某些特定算法，在目前常见的计算机系统中很少见。

(4) MIMD

MIMD 计算机属于并行结构计算机，多个处理单元根据不同的控制流程执行不同的操作、处理不同的数据。

MIMD 系统是计算机能够实现指令、数据作业、任务等各级全面并行计算的多处理系统。典型的 MIMD 系统由多台处理机、多个存储模块和一个互联网络组成，如图 1.18 所示。

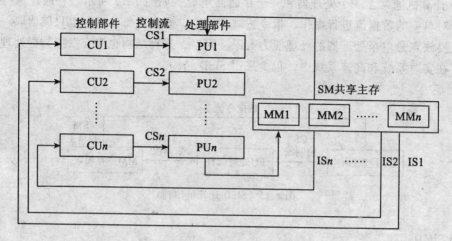

图 1.17 MISD 计算机结构

每台处理机执行自己的指令，操作数也是各取各的。

在 MIMD 结构中，每个处理器都可以单独编程，因而这种结构的可编程能力是最强的。但是，需要用大量的硬件资源来解决可编程问题，硬件资源的利用率不高。

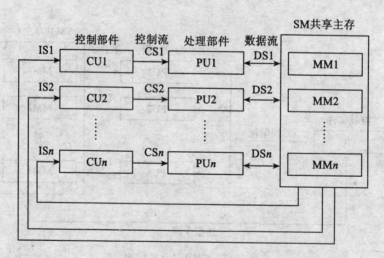

图 1.18 MIMD 计算机结构

在 MIMD 计算机中没有统一的控制部件。在 MIMD 中，各处理器可以独立执行不同的指令。实际上，在 SIMD 中，各处理单元执行的是同一个程序，而在 MIMD 中，各处理器可以独立执行不同的程序。在 MIMD 中，每个处理器都有控制部件，各处理器通过互联网络进行通信。MIMD 结构比 SIMD 结构更为灵活。SIMD 计算机通常要求实际问题包含大量的对不同数据的相同运算（如向量运算和矩阵运算）才能发挥其优势。而 MIMD 计算机则无此要求，它可以适应更多的并行算法，因此可以更加充分地挖掘实际问题的并行性。SIMD 所使用的 CPU 通常是专门设计的，而 MIMD 可以使用通用 CPU。

并行计算机系统除少量早期的、专用的 SIMD 系统外，绝大部分为 MIMD 系统，目前，主要的并行计算机系统有以下五种：

并行向量机（PVP，parallel vector processor）；
对称多处理机（SMP，symmetric multiprocessor）；
大规模并行处理机（MPP，massively parallel processor）；
机群（Cluster）；
分布式共享存储多处理机（DSM，distributed shared memory）。

这五类计算机系统代表了当今世界并行计算机的主要体系结构，下面简单介绍一下SMP、MPP、机群和DSM并行计算机系统。

**1. 对称多处理机系统（SMP）**

如图1.19所示，为对称多处理机系统结构简图，该系统由处理单元、高速缓存、总线或交叉开关、共享内存以及I/O等组成。

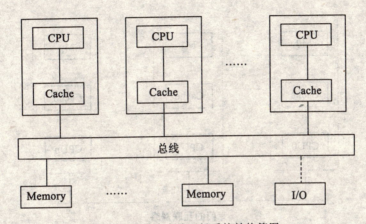

图1.19  对称多处理机系统结构简图

SMP的主要特点如下：

① 对称共享存储。系统中的任何处理机均可直接访问任何内存模块的存储单元和I/O模块连接的I/O设备，且访问的延迟、带宽和访问成功率是一致的。所有内存模块的地址单元是统一编码的，各个处理机之间的地位相同。操作系统可以运行在任意一个处理机上。

② 单一的操作系统映像。全系统只有一个操作系统驻留在共享存储器中，它根据各个处理机的负载情况，动态分配各个处理机的负载，并保持每个处理机的负载均衡。

③ 局部高速缓存及其数据一致性。每个处理机均有自己的高速缓存，它们可以拥有独立的局部数据，但是这些数据必须保持与存储器中的数据一致。

④ 低通信延迟。各个进程根据操作系统提供的读/写操作，通过共享数据缓存区来完成处理机之间的通信，其延迟通常远小于网络通信的延迟。

⑤ 共享总线的带宽。所有处理机共享同一个总线带宽，完成对内存模块的数据和I/O设备的访问。

⑥ 支持消息传递、共享存储模式的并行程序设计。

SMP的缺点如下：

① 欠可靠。总线、存储器或操作系统失效可导致系统全部瘫痪。

② 可扩展性差。由于所有处理机共享同一个总线带宽，而总线带宽每3年才增加2倍，跟不上处理机速度和内存容量的发展。因此，SMP并行计算机系统的处理机个数一般少于

64个,也就只能提供每秒数百亿次的浮点运算性能。

SMP的典型代表有:

SGI Power Challenge XL 系列并行计算机(32个 MIPS R10000 微处理器);

COMPAQ Alphaserver 84005/440(12个 Alpha 21264 微处理器);

HP HP9000/T600(12个 HP PA9000 微处理器);

IBM RS6000/R40(8个 RS6000 微处理器)。

**2. 大规模并行计算机系统(MPP)**

如图1.20所示,为一个大规模并行计算机系统结构简图,该系统是并行计算机发展过程中的主力,现在已经发展到由上万个处理机构成一个系统,随着并行计算机的发展,几十万个处理机的超大规模系统也会在不久的将来问世。

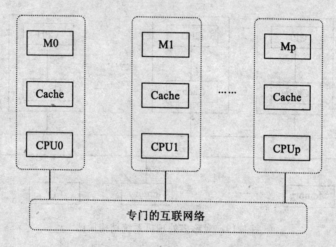

图1.20 大规模计算机系统结构简图

MPP的主要特点如下:

① 节点数量多、成千上万,这些节点由局部网卡通过高性能互联网络连接。

② 每个节点都相对独立,并拥有一个或多个微处理机。这些微处理机都有局部高速缓存,并通过局部总线或互联网络与局部内存模块和I/O设备相连接。

③ 各个节点均拥有不同的操作系统映像,一般情况下,用户可以将作业提交给作业管理系统,由它来调度当前系统中有效的计算节点来执行该作业。同时,MPP系统也允许用户登录到指定的节点,或到某些特定的节点上运行作业。

④ 各个节点上的内存模块是相互独立的,且不存在全局内存单元的统一硬件编址。一般情况下,各个节点只能直接访问自身的局部内存模块。如果需要直接访问其他节点的内存模块,则必须有操作系统提供特殊的软件支持。

MPP的典型代表有:

ICT Dawning 1000(32个处理机);

IBM ASCI White(8 192个处理机);

Intel ASCI Red(9 632个处理机);

Cray T3E(1 084个处理机)。

### 3. 分布式共享存储多处理机系统（DSM）

如图 1.21 所示，为分布式共享存储多处理机系统结构简图，DSM 较好地改善了 SMP 的可扩展能力，是目前高性能计算机的主流发展方向之一。

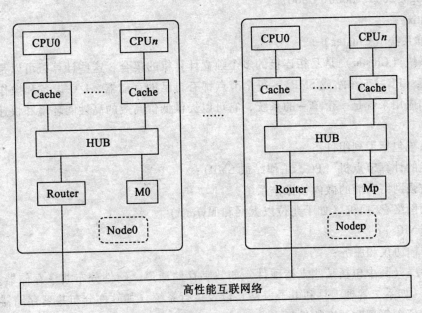

图 1.21 分布式共享存储多处理机系统结构简图

DSM 的主要特点如下：

① 并行计算机以节点为单位，每个节点由一个或多个 CPU 组成，每个 CPU 拥有自己的局部高速缓存（Cache），并共享局部存储器和 I/O 设备，所有节点通过高性能网络相互连接。

② 物理上分布存储。内存模块分部在各节点中，并通过高性能网络相互连接，避免了 SMP 访存总线的带宽瓶颈，增强了并行计算机系统的可扩展能力。

③ 单一的内存地址空间。尽管内存模块分布在各个节点，但是所有这些内存模块都由硬件进行了统一编址，并通过互联网络连接形成了并行计算机的共享存储器。各个节点既可以直接访问局部内存单元，又可以访问其他节点的局部存储单元。

④ 非一致内存访问（NUMA）模式。由于远端访问必须通过高性能互联网络，而本地访问只需直接访问局部内存模块。因此远端访问的延迟一般是本地访问延迟的 3 倍左右。

⑤ 单一的操作系统映像。类似于 SMP，在 DSM 并行计算机中，用户只看到一个操作系统，它可以根据各个节点的负载情况，动态地分配进程。

⑥ 基于高速缓存的数据一致性。通常采用基于目录的高速缓存一致性协议来保证各节点的局部高速缓存数据与存储器中的数据是一致的。我们称这种 DSM 并行计算机结构为 CC-NUMA 结构。

⑦ 低通信延迟与高通信带宽。专用的高性能互联网络使得节点间的访问延迟很小，通信带宽可以扩展。例如，目前最具代表性的 DSM 并行计算机 SGI Origin 3000，它的双向点对点带宽可达 3.2GB/s，而延迟小于 1μs。

⑧ 可扩展性高。DSM 并行计算机可扩展到上千个节点，能提供每秒数万亿次的浮点运

算性能。

⑨ 支持消息传递、共享存储并行程序设计。

DSM 的典型代表有：

SGI Origin 2000、3000、3800；

SGI Altix。

### 4. 集群系统（Cluster）

集群系统（Cluster）是互相连接的多个独立计算机的集合，这些计算机可以是单机或多处理器系统（PC、工作站或SMP），每个节点都有自己的存储器、I/O设备和操作系统。集群对用户和应用来说是一个单一的系统，它可以提供低价高效的高性能环境和快速可靠的服务。

集群系统包括下列组件：

高性能的计算节点机（PC、工作站或SMP）；

具有较强网络功能的微内核操作系统；

高效的网络/交换机（如千兆位以太网和Myrinet）；

网卡（NICs）；

快速传输协议和服务；

中间件层（其中包括某些支持硬件，如数字存储通道、硬件分布共享存储器及SMP技术）、应用（如系统管理工具和电子表格）以及运行系统（如软件分布共享存储器和并行文件系统）和资源管理和调度软件等；

并行程序设计环境与工具，如编译器、语言环境、并行虚拟机（PVM）和消息传递接口（MPI）等；

应用，包括串行和并行应用程序。

集群系统的主要特点如下：

① 系统规模从单机、少数几台联网的微机到包括上千个节点的大规模并行系统；

② 既可作为廉价的并行程序调试环境，也可设计成真正的高性能并行机；

③ 是普及并行计算必不可少的工具；

④ 用于高性能计算的集群在结构上、使用的软件工具上通常有别于用于提供网络、数据库服务的集群（后者亦称为服务器集群）。

## 1.2.3 并行计算机系统的性能指标

给定并行算法，采用并行程序设计平台，通过并行实现获得实际可运行的并行程序后，一个最重要的工作就是在并行计算机上运行该程序，并评价该程序的实际性能，揭示性能瓶颈，指导程序的性能优化。性能评价和优化是设计高效率并行程序必不可少的重要工作，本小节重点介绍当前用于评价并行系统性能的重要技术指标。

### 1. 运算速度

通常来讲，在串行计算中，执行一条运算指令获得一个运算结果，因此，常用单位时间内执行的指令条数来衡量运算速度，即

$$V = N/T$$

式中，$N$ 为时间 $T$ 内执行的指令条数。

在并行计算中，运算速度的估算与串行计算机完全不同，因为执行一条向量运算指令可

以获得十几个甚至上百个结果，所以对于并行计算机的运算速度一般是按标量与向量两种情况分别予以估算。标量运算速度的估算与串行机相同，而向量运算速度则常常以每秒钟能够获得多少个浮点结果数来衡量。例如，Dawning2000-1 的最高计算速度是每秒 3 000 亿次浮点运算。有时单单用浮点速度还不足以说明并行计算机的速度性能指标，因为在并行计算机中执行的指令除了算术运算指令外，还有其他类型的指令，如取存（Read/Write）、转移（Shift）、逻辑运算（Logical Calculation）等。通常认为，在串行计算机中产生一个浮点运算结果平均需要执行 3 条指令，按照这样的标准计算，并行计算机的向量运算速度应该是每秒钟所获得的浮点结果数的 3 倍。

### 2. 加速比

在给定的并行计算系统上给定的应用，并行算法（并行程序）的执行速度相对于串行算法（串行程序）加快的倍数，就是该并行算法（并行程序）的加速比。Amdahl 定律适用于固定计算规模的加速比性能描述，Gustafson 定律适用于可扩展问题。

加速比（Speedup 或 Speedup Ratio）是指对某一个运算而言，应用并行计算与串行计算的效率的比值。它是度量算法并行性的最重要的标准之一，也是衡量一个并行算法在某一并行机上运行效率的重要指标。加速比的模型很多，通常是指对于一个规模为 $N$ 的计算问题，设 $T_1(N)$ 是某串行算法在单处理机上的运算时间。对同一基本算法而言，$T_p(N)$ 是使用 $p$ 个节点并行机的并行算法运算时间。称

$$S_p = \frac{T_1(N)}{T_p(N)} \tag{1.1}$$

为此算法在并行计算机上的加速比。

但是在实际的过程当中，并行机的各个节点在并行计算的同时，也有部分的串行程序在里面，有时串行的部分甚至占据了主要的部分，因此应定义并行加速比为：

$$S_p = \frac{p}{1 - s + s \times p} \tag{1.2}$$

式中，$s$ 是某个计算问题中只能串行执行的运算量百分比，其余为 $p$ 个处理器可以并行执行运算量的百分比为 $1 - s$，这里我们忽略了并行通信与同步等开销。式（1.2）常称为 Amdahl 定律或 Ware 定律。

在理想情况下，并行程序的每一部分都能完全并行，此时 $p$ 个处理器的加速比似乎应该等于 $p$。但是在实际情况下，这是不可能的。若一个并行程序加速比接近于 $S_p = O(p)$，则称为具有线性加速比。若 $S_p > p$，则称为超线性加速比。根据 Amdahl 定律，严格的线性加速比是不可能达到的，更不用说超线性加速比了。但是，在使用某些程序算法时，可能出现这种现象，例如，并行计算机系统中各个处理器的存储方式不同、高速缓存（Cache）的影响，以及并行操作系统开销的均摊、不同的并行算法（如并行搜索等）都有可能出现超线性加速比的假象。

在经典 Amdahl 定律中，蕴含着计算的问题规模不变的假定，即并行算法中的并行成分不随处理器个数发生变化，这个假定是不符合实际的。事实上，求解问题的规模会随着处理器增多而扩大，并行度也随之增加，故应假定串行部分所耗的时间为常数，采用新的加速比定义，即

$$S_p = s + (1 - s) p \tag{1.3}$$

由此可见，串行部分所占的比例随着问题规模增大而缩小。式（1.3）称为加速比的

Gustafson 定律修正。Amdahl 定律是用串行机能求解的小规模问题去测定并行机的加速比。Gustafson 定律是从并行机所能求解的大问题的性能去度量它与串行机的加速比。

假定并行计算系统的处理器数为 $p$, $W$ 为问题规模（定义为给定问题的总计算量），$W_s$ 为应用程序中的串行分量，$W_p$ 为可并行化部分；$f$ 为串行分量的比例 ($f = W_s/W$)，$1-f$ 为并行分量的比例；$T_s = T_1$ 为串行执行时间，$T_p$ 为并行计算时间；$S$ 为加速比，$E$ 为并行效率，1967 年 Amdahl 推导出如下固定负载的加速公式：

$$S = \frac{W_s + W_p}{W_s + W_p/p} = \frac{1}{1/p + f(1 - 1/p)} \tag{1.4}$$

式中，为了归一化，将 $W_s + W_p$ 相应地表示为 $f + (1-f)$，显然，当 $p \to \infty$ 时，$S = 1/f$，即对于固定规模的问题，并行系统所能达到的加速上限为 $1/f$。

由于并行程序运行时还需要一些额外开销 $W_0$，因此上述公式还需修改为：

$$S = \frac{W_s + W_p}{W_s + W_p/p + W_0} = \frac{1}{1/p + f(1 - 1/p) + W_0/W} \tag{1.5}$$

由上式可知，当 $p \to \infty$ 时，$S = \dfrac{1}{f + W_0/W}$，可见，串行分量越大和并行额外开销越大，则可加速率就越小。

对于部分问题，如实时性计算方面问题，它们一般为固定工作负载。但对于大多数问题，扩大计算机规模是为了解决更大规模的问题，因此在对并行程序（并行算法）进行评价时，采用 Amdahl 定律就不能反映算法的可扩展性。1987 年 Gustafson 给出了如下问题规模可扩展的加速公式：

$$S' = \frac{W_s + pW_p}{W_s + p \cdot W_p/p} = f + p(1-f) = p - f(p-1) \tag{1.6}$$

因此，并行算法（并行程序）的可扩展性意味着，加速比与处理器数成斜率为 $1-f$ 的线性关系，这样串行比例 $f$ 就不再是程序扩展性的瓶颈，当然，$f$ 越低，斜率会越大，加速性能越好，如图 1.22 所示。

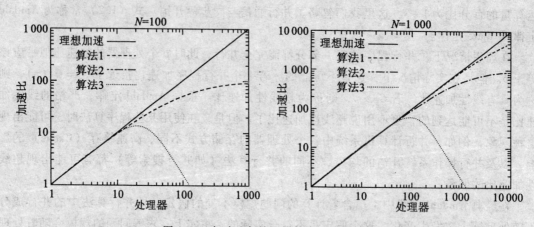

图 1.22 加速比与处理器数线性关系曲线

### 3. 并行机有效利用率

并行计算机只有在 $p$ 台处理机每刻都处于"满载"的情况下才能充分体现出它强大的

数据加工能力，因此，在并行计算机上不希望有过多的处理机在运行过程中出现"空转"的现象。对给定的一个问题，设 $N_p$ 和 $N_1$ 分别是并行算法与串行算法的总运算次数，称式

$$R_p = \frac{N_p}{N_1} \tag{1.7}$$

为并行算法的冗余度。显然，如果 $R_p > 1$，意味着并行计算量要大于串行计算量，但并不表示在并行处理机上的计算时间会增加，大多数情况是恰恰相反。若以基本运算时间为单位，将 $T_1$ 和 $T_p$ 可以理解为运算步数，那么在 $T_p$ 步内 $p$ 台处理机相当于执行了 $pT_p$ 次运算。通常称式

$$\eta = \frac{N_p}{pT_p} \tag{1.8}$$

为并行计算机的有效利用率。一般 $N_p \leqslant pT_p$，因此 $0 < \eta \leqslant 1.0$。

**4. 并行处理效率**

一般情况下，加速比 $S_p$ 随处理器的数目 $p$ 的增加而增大，但是有时 $S_p$ 虽然增大了，但并行机的使用效率却相对降低。所以在 $p$ 不固定的情况下，$S_p$ 不是并行算法一个理想的评价标准。为此，引进了并行处理效率：

$$E_p = \frac{S_p(N)}{p} \tag{1.9}$$

显然，$0 < E_p \leqslant 1$ 且 $E_1 = 1$。又因为

$$\eta = R_p \cdot \frac{N_1}{pT_p} = R_p \cdot \frac{T_1}{pT_p} = R_p \cdot E_p \tag{1.10}$$

故有 $\eta \geqslant E_p$。由此看出，在 $p$ 固定的情况下，如果一个并行算法的加速比 $S_p$ 越高，则它对并行处理机有效利用率 $\eta$ 也越高。因 $S_p$ 易于计算，所以常用它来作为评价并行算法优劣的标准。

**5. 算法并行度**

并行处理效率给出了一个算法在并行计算机上的运行情况，但并未完全反映出计算数学问题时所用到的并行算法的并行化程度。而衡量并行计算方法优劣的标准之一是算法的并行度，它定义为并行计算量与串、并行总计算量之比值，即

$$\xi = \frac{V}{S+V} \tag{1.11}$$

式中，$V$ 是并行算法中的并行部分计算量，$S$ 是并行算法中的串行部分计算量。显然，有 $\xi \leqslant 1$，如果一个问题的并行度超过 85%，则这样的问题适于在并行机上计算；如果一个问题的并行度低于 40%，则这类问题不适于在并行机上计算，必须给出合理的并行计算格式后，才便于在并行机上计算；并行计算量为 60%～85% 的计算问题，通常称为串并行混合计算问题。

**6. 粒度**

粒度（Granularity）是各个多处理机可独立并行执行的任务大小的量度。大粒度反映可并行执行的运算量与程序量大，有时也称为粗粒度。任务级并行的粒度就比语句级并行的粒度大，换句话说，在大多数情况下，任务并行（Task Parallel）比数据并行（Data Parallel）的粒度大。在网络并行计算中，由于网络上的通信开销比较大，特别是常用的以太网速率很慢，并行计算时要尽量采用粗粒度方式，以期取得较好的实际效果。随着网络速率的提高，

网络并行的粒度也可相应地由粗粒度转到中粒度或细粒度。

### 7. 可扩展性

可扩展性（Scalability）并不是单独用来衡量并行算法和并行计算程序的指标，但是它在并行计算和并行计算程序中非常重要。它不仅是并行机，也是并行算法在多大程度上能够有效利用多处理机台数增加的能力的一个度量。随着处理机的增加，如果效率曲线基本保持不变，或者略有下降，则称该算法在所用的并行机上可扩展性好；如果效率曲线下降很快，则称可扩展性差。影响一个并行算法的扩展性因素很多（如计算方法、粒度、加速比、效率、并行系统与通信开销等），评判的准则也不尽相同。

### 8. 处理机并行度（DOP）

我们在利用并行计算机执行程序时，可以在其执行过程的不同时间段内，使用不同数目的处理机，并将每个时间段内用以执行程序的处理机数目称为并行度（DOP）。在应用程序中，潜在并行性的范围比较宽。工程设计和科学计算的程序中，由于存在数据并行性，因而有较高的 DOP。

### 9. 并行算法运行时间

进行并行计算的两个基本目的是：在问题规模一定的情况下，缩短求解时间；在给定时间范围内，扩大问题求解规模。并行算法运行时间是指算法开始直到算法执行完毕的时间，主要包括输入/输出（I/O）时间、计算 CPU 时间和并行开销（包括通信、同步等）时间。并行开销是进行并行计算而引入的开销。

对于一个具体的并行算法，对其计算时间的估计通常由上述三部分时间界的估计所组成。如果要求输入输出 $N$ 个数据，则认为该算法的 I/O 时间界为 $O(N)$；如果问题规模为 $n$，涉及的计算量一般为 $t(n)$，则该算法的计算 CPU 时间界为 $O(t(n))$；对要求通信和同步的次数为 $L$，通信量为 $M$ 个数据，则该算法的并行开销为 $O(L+M)$。

### 10. 问题规模与分类

高性能计算机的产生和发展就是为了满足日益增长的大规模科学与工程计算、事务处理与商业计算的需求。最大规模问题求解是并行计算机最重要的指标之一，也是一个国家高新技术发展的标志。一般地，问题规模分解为 I/O 规模、计算规模、内存需求、通信（同步）规模，分别表示问题求解所需要的 I/O 量、计算量、内存大小和通信量（包括通信次数与通信数据量）。

根据在求解中所消耗的资源程度，问题又相应分为 CPU 密集应用、memory 密集应用、disk 密集应用和网络密集应用。针对不同类型的问题，性能瓶颈也往往不同，并行算法就是要有针对性地消除相应的瓶颈，从而达到缩短计算时间的目的。

## 本 章 小 结

本章首先介绍了从单核到多核微处理器的发展历程以及微处理器的未来发展趋势，然后又介绍了并行计算机的发展历程以及并行计算机系统的体系结构，最后介绍了这类系统的性能评价指标。

# 第2章　多核处理器架构与并行计算

通过开发并行计算程序以提高性能，是研究并行计算机体系结构的根本出发点，而在处理器级开发并行计算程序，则更能够显著提高计算的性能，因此，基于并行架构的多核处理器的出现也就成为必然。

## 2.1　单芯片多核处理器构架

### 2.1.1　多核芯片与处理器

一直以来，处理器芯片厂商都通过不断提高芯片工作频率（主频）来提高处理器的性能。但随着芯片设计与制造工艺的不断进步，处理器芯片上集成的晶体管已超过上亿个。从体系结构来看，传统处理器体系结构技术在高度集成的情况下，很难单纯通过提高主频来提升性能，同时，主频的提高带来功耗的提高，也是直接促使单核转向多核的深层次原因；从应用需求来看，日益复杂的多媒体、科学计算、虚拟现实等多个应用领域都需要计算机提供更为强大的计算能力。在这样的背景下，各主流处理器厂商将提高产品性能的战略从提高芯片的工作时钟频率逐渐转向了利用多线程、多内核技术。

1985年，Intel发布了80386DX处理器，该处理器需要与协微处理器80387相配合来完成需要大量浮点运算的任务。而80486则将80386和80387以及一个8KB的高速缓存集成在一个芯片内，因此，从一定意义上来说，80486为多核处理器的原始雏形。

真正的多核处理器最初是由IBM在2001年发布的双核RISC处理器POWER4。POWER4将两个64位PowerPC处理器内核集成在同一块芯片上，成为首款采用多核设计的服务器处理器。在UNIX系统中，HP和Sun两大主流公司也相继在2004年2月和3月发布了名为PA-RISC8800和UltraSPARC IV的双内核处理器。

目前，多核处理器的推出已越来越快，在推出代号为Niagara的8核处理器之后，Sun还计划再推出Niagara 2处理器。IBM的Cell处理器则结合了1个PowerPC核心与8个协处理器构成，目前已经正式投产；并应用于PS2主机、医学影像处理、3D计算机绘图、影音多媒体等领域。而真正意义上让多核处理器进入主流桌面应用，是从IA阵营正式引入多核架构开始的。

AMD在2005年4月推出了其双核处理器Opteron，专用于服务器和工作站。紧接着又推出了Athlon 64 X2双核系列产品，专用于台式机。目前，应用于高端台式机和笔记本的FX-60、FX-62以及Turion 64 X2产品都已经大量出现并应用于市场。

2006年5月，Intel发布了其服务器芯片Xeon系列的新成员——双核芯片Dempsey。该产品使用了65nm制造工艺，其5030和5080型号的主频在2.67GHz和3.73GHz之间。紧接着，在当年的6月，又推出了另一款双核芯片Woodcrest（Xeon 5100系列），与Pentium D系列产品相比，其计算性能提高了80%，能耗降低了20%。

继双核之后，Intel在2006年11月又推出了四核产品，AMD也推出代号为巴塞罗那的四核处理器。

目前，微机上使用的多核处理器都使用了片上多核处理器架构。

Intel目前最新的架构是Core微架构，所有Intel生产的x86架构的新处理器，无论是面向台式机、笔记本还是服务器，都将统一到Core微架构，如图2.1所示。

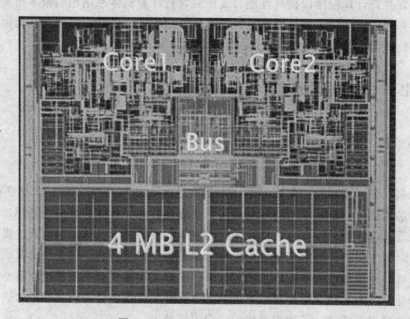

图2.1 以Core为核心的多核架构

把多个处理器核集成到同一个芯片之上，属于层次性、分布式、可重用性的设计，这主要因为在同一芯片上，各处理器之间可以具有更高的通信带宽和更短的通信时延。同时，片上多核处理器在利用线程级并行性方面具有天然的优势。与之相比，传统多线程处理器通过分时方式挖掘线程级并行性，而同时多线程处理器需要共享流水线，这些特点使得这两种处理器在运行多个线程时都可能引起严重的资源竞争。

当把数以亿计的晶体管资源集成到一个芯片上时，控制设计/验证/测试的复杂度、处理线延迟问题以及控制功耗等，都是体系结构设计者必须要考虑的问题。理想的设计思想应该具有层次性、分布式、可重用的特点。显然，在传统的体系结构中，包括超标量处理器、多线程处理器、同时多线程处理器等架构都很难满足这一要求。

片上多核处理器对于设计/验证/测试的复杂性能够"分而治之"，同时，其层次性的结构和片上互联网络能够有效地处理线延迟带来的问题。对于服务器应用来讲，利用大量简单的处理器核挖掘线程级并行性，可以取得更好的性能/功耗比（performance/watt）。更重要的是，主流的处理器厂商纷纷推出了商用片上多核处理器产品，而工业界的选择则进一步促进和巩固了片上多核处理器的主流地位。

因此，处理器结构正在面临着新的变革，而片上多核处理器结构则代表了这种结构变革的方向。

虽然片上多核处理器具有如此多的优势，但同时也面临很大的挑战。片上多核处理器由多个处理器核组成，具有物理上分布并行的特点，而现代计算机体系结构是建立在图灵机理论基础之上的，图灵机本质上是串行的，这就造成了串行的图灵机与并行的片上多核处理器结构的不一致，这种不一致直接导致了并行程序设计的困难以及串行程序对并行处理器结构利用率小的问题。

当前主流的商用片上多核处理器主要针对多线程应用，提出多核结构的主要初衷也是如此，如果不采用特殊措施，串行程序很难利用多核的优势。而大量的传统应用都是串行程序，基于兼容性的考虑，片上多核处理器必须支持它们的运行，即便是多线程应用，每个线程也是串行执行的。同时，由于在一个芯片上集成了多个处理器核，出于功耗和面积的考虑，处理器设计者往往倾向于采用结构相对简单的处理器核。以上种种有可能造成单处理器执行串行程序的速度比多核还要快。因此，在多核环境加速串行程序，具有重要的研究意义和实际的应用需求。Intel 和 AMD 相继宣称推出具备多核加速串行程序能力的商用处理器。一方面，说明该领域的研究相对滞后（相比于片上多核处理器支持并行程序或多线程应用而言）；另一方面，也从应用的角度说明了在多核环境加速串行程序具有重要的研究意义。

## 2.1.2 多核单芯片架构

设计多核芯片是提高每个晶体管效能的最佳手段。在单核产品中，提高性能主要通过提高工作频率和增大片上缓存来实现，前者会导致芯片功耗的提升，后者则会让芯片晶体管规模及面积激增，造成芯片成本大幅度上扬。尽管代价高昂，这两种措施也只能带来小幅度性能提升。而如果引入多核技术，便可以在较低频率、较小缓存的条件下达到大幅提高性能的目的。相比大缓存的单核产品，耗费同样数量晶体管的多核处理器则拥有更出色的效能，同样在每瓦性能方面，多核芯片也有明显的优势。

增加处理速度的一个方法是增加单位面积的处理能力，另一个方法则是并行化，即增加处理器数量。在国防事业、气象分析等领域，并行处理的概念很自然地被提出。因此，多核 CPU 也适应了对计算性能要求高的行业需求。

多核 CPU 技术是在同一个硅晶片（Die）上集成了多个独立物理核心，在实际工作中多核协同工作，以达到性能倍增的目的。IBM 的 Power 4 芯片首先使用了 2 个独立的处理核心，高端的 Sun Microsystems 也使用了多核心的处理芯片。Intel 继 Itanium 2 之后，公布了代号为 Tanglewood 的发展计划，这款芯片最高将包含 16 个独立的处理器。加上超线程技术，能够处理高达 32 个线程。

多核 CPU 解决方案是摩尔定律发展的必然产物，是今后的发展方向，也是当今最热门的技术。

## 2.1.3 主流多核架构

其实，双核或多核处理器在很多领域都存在，多媒体、网络等一些嵌入式处理器中早都采用了多核技术，但直到多内核技术引入到最高性能的通用处理器中，才真正发挥了其最大的作用，因为无论是从技术的复杂度上，还是从对未来处理器设计的影响上来讲，其意义都很重大。

早在 20 世纪末，HP 和 IBM 就已经提出双核处理器的可行性设计。IBM 在 2001 年就推出了基于双核心的 Power 4 处理器，随后 Sun 和 HP 都先后推出了基于双核架构的

UltraSPARC 以及 PA-RISC 芯片，但此时，双核心处理器架构还都是在高端的 RISC 领域，直到 Intel 和 AMD 相继推出自己的双核心 CISC 处理器，双核处理器才真正走入了主流的 x86 领域。

**1. 典型的双核 CPU**

双核 CPU 的实现虽然简单，但基于不同的设计理念，使得 Intel 与 AMD 在技术路线方面截然不同。

从集成的角度来看，业界通常把多处理器计算机系统分为"紧耦合"和"松耦合"两种形态。一般，通过将多台计算机组成集群（cluster）的方式来增加计算机系统处理器数量，以提高计算性能就是一种相对比较宽松的耦合。计算机群有各自独立的 CPU、内存、主板和显卡等周边配件；而通过 SMP（对称多处理器）架构来增加处理器数量的方式就是一种紧耦合，如一板双芯的方式就是一种比较典型的 SMP 计算机耦合方式。将 2 个处理器放在一个芯片内或者一块基板上，这就是一种更加紧密的耦合状态，业界称为 CMP（单芯片多处理器）架构。AMD 和 Intel 新推出的双核心处理器都符合 CMP 的逻辑架构。

（1）AMD 双核构架

AMD 的桌面平台双核心处理器代号为 Toledo 和 Manchester，基本上可以简单看做把两个 Athlon 64 所采用的 Venice 核心整合在同一个处理器内部，每个核心都拥有独立的 512KB 或 1MB 二级缓存，两个核心共享 Hyper Transport，Hyper Transport 技术通过消除 I/O 瓶颈、提高系统带宽、降低系统延迟增强了系统的总体性能。与 Intel 的双核处理器不同的是，由于 AMD 的 Athlon 64 处理器内部整合了 DDR 内存控制器，全面集成的 DDR 内存控制器为处理器和主存提供了直接连接，有助于提高内存访问速度。在设计 Athlon 64 时就为双核做了考虑，因此，从架构上来说，相对于目前双核 CPU 的 Athlon 64 架构并没有任何改变，但仍然需要仲裁器来保证其缓存数据的一致性。AMD 在此采用了 SRQ（system request queue，系统请求队列）技术，在工作时，每个内核都将其请求放在 SRQ 中，当获得资源之后，请求将会被送往相应的执行内核，所以其缓存数据的一致性不需要通过北桥芯片，而直接在处理器内部就可以完成。与 Intel 的双核处理器相比，其优点是缓存数据延迟得以大大降低。AMD 目前的桌面平台双核处理器是 Athlon 64 x2，其型号按照 PR 值分为 3800+ 至 4800+ 等几种，同样采用 0.09μm 制造工艺，Socket 939 接口，支持 1GHz 的 Hyper Transport，当然也都支持双通道 DDR 内存技术，如图 2.2 所示。

（2）Intel 双核心构架

Intel 早期推出的双核处理器 Pentium 至尊版和 Pentium D，其每个核心都配有独享的一级和二级缓存。基于 Smithfield 衍生出的 Pentium 至尊版和 Pentium D，主要区别就在于 Pentium 至尊版支持超线程，而 Pentium D 屏蔽了超线程功能，其结构如图 2.3 所示。

按照"离得越近、走得越快"的集成电路设计原则，把各功能组件集成在处理器中确实可以提高效率、减少延迟。不过，在台式机还不可能在短期内就支持 4 个内核和更多内核的现实情况下，只要有高带宽的前端系统总线，就算把这些任务仲裁组件外置，对于双核处理器的台式机来说，带来的延迟和性能损失也是微乎其微的。

Intel 945 和 955 系列芯片组可提供 800MHz（用于 Pentium D）和 1066MHz（用于 Pentium 至尊版）前端总线，如果是供一个四核处理器使用，那肯定会造成资源争抢，但对于双核来说，这个带宽已经足够了。Intel 认为，目前双核系统中的主要瓶颈还是内存、I/O 总线和硬盘系统，只有提升这些模块的速度才能使整个系统的计算平台更加均衡。

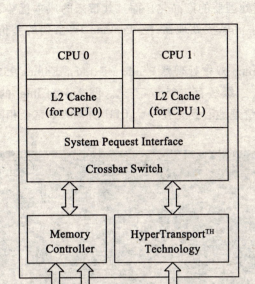

图 2.2　Athlon 64 x2 架构

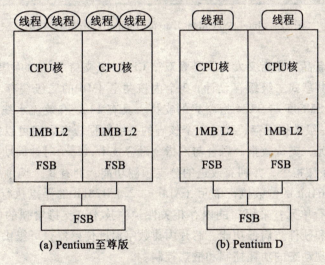

图 2.3　Pentium 至尊版和 Pentium D 结构图

基于这种设计思路，Intel 在 945 和 955 系列芯片组中加强了对 PCI-Express 总线的支持，增加了对更高速 DDR2 内存的支持，对 SATA（串行 ATA）的支持速度增加了一倍，由 1.5Gb/s 提高到 3Gb/s，进一步增加了磁盘阵列 RAID 5 和 RAID 10 的支持。

此外，Intel Pentium 至尊版具有双核心加超线程的架构，这种架构可同时处理四个线程，这使其在多任务多线程的应用中具有明显优势。而且 CMP 与 SMT（同时多线程，Intel 超线程就是一种 SMT 技术）的结合是业界公认的处理器重要发展趋势，最早推出双核处理器的 IBM 也是这一趋势的推动者。

Intel 之所以在 Pentium 至尊版和 Pentium D 上采用共享前端总线的双核架构，是出于双核架构自身的紧凑设计和生产进程方面的考虑，这种架构使 Intel 能够迅速推出全系列的双核处理器家族,加快双核处理器的产品化,而且其带来的成本优势也大大降低了Pentium至尊版、Pentium D与现有主流单核处理器——Pentium IV系列的差价,有利于双核处理器在PC市场上的迅速普及。

Intel随后推出的Pentium双核处理器Pentium Extreme Edition 955主频为3.46GHz,采用NetBurst架构、每核1MB二级缓存、65nm工艺。图2.4为Intel的Pentium Extreme Edition 955内部结构图,可以很清楚地看到,在一个CPU内有两个完全相同的内核。

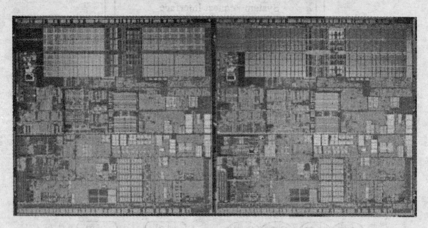

图2.4 Intel的Pentium Extreme Edition 955内部结构图

Intel不断推出新品,随后又发布了酷睿双核CPU,其支持36位的物理寻址和48位的虚拟内存寻址,采用共享式二级缓存设计,2个内核共享4MB的二级缓存。每个内核都采用乱序执行,加入对EM64T与SSE4指令集的支持,具有14级有效流水线,内建32KB一级指令缓存与32KB一级数据缓存,而且2个核心的一级数据缓存之间可以直接传输数据;具有4组指令解码单元,支持微指令融合与宏指令融合技术,每个时钟周期最多可以解码5条x86指令,生成7条微指令,并拥有改进的分支预测功能;拥有3个调度端口,内建5个执行单元,包括3个64bit的整数执行单元(ALU)、2个128bit的浮点执行单元(FPU)和3个128bit的SSE执行单元;采用新的内存相关性预测技术,支持增强的电源管理功能,支持硬件虚拟化技术和硬件防病毒功能。芯片内建数字温度传感器,可提供功率报告和温度报告等,配合系统实现动态的功耗控制和散热控制。

**2. 多核CPU**

与双核CPU产生的原因相同,日益增加的运算要求促使了多核CPU的出现。同时,快速发展的CPU制造工艺使得大量晶体管可以集成在一个芯片上,这为多核CPU实现提供了条件,而多核概念的提出也印证了摩尔定律是不断发展的。

多核CPU已不局限于双核的对称设计,而更为灵活,其缓存单元与任务分配更合理,核心间通信更快捷。这些特性也决定了,在芯片设计方面,多核设计将走上对称和非对称两大路线。

(1)对称多核

对称设计很常见,IBM的Power 5以及Intel的Itanium都是全对称多核CPU。2005年末,Sun公司在美国正式宣布推出UltraSPARC T1处理器,即代号为Niagara的大吞吐量芯片。UltraSPARC T1处理器可以具有8个、6个或4个的内核,每个内核能够执行4个线程,因此拥有8个内核的UltraSPARC T1处理器能够同时执行32个线程。这是Sun综合运用多核技术与多线程技术的第二代微处理器，而核心数量与线程控制能力的提升使更多任务能够并行执行，无需互相等待。

一个处理器中有8个核心，这与双核处理器相比，处理器中内核的数量有了几何级的增长。虽然UltraSPARC T1的单内核运行速度仅是1.2GHz，但当8个内核作为一个整体工作，就相当于一个庞大的处理阵列。这方面，Sun在较早发布UltraSPARC IV等芯片的时候就已经得到了体现。面对芯片市场上的激烈竞争，Sun提出了"并行处理+简化"概念，也就是说，Sun不是通过提高单个处理核心的计算能力和频率来提高性能，而是通过节省芯片内的空间加入新的处理核心来提升芯片的整体性能。

类似的对称多核CPU还有IBM的Power 5。Power 5处理器将包含4块Power 5芯片，每块芯片整合两个处理器核，其共享1.92MB二级缓存和36MB三级缓存。Power 5在一个底板内集成了8个内核、4个CPU、4个L3。Power 5采用0.13μmSOI工艺制造，在389mm$^2$的面积上共有2亿7千6百万个晶体管，每个L3 36MB，共144MB，带宽可以达到32GB/s。

Intel将对称多核称为"Multi-Core"，如图2.5所示，对称多核CPU可以由完全独立的处理单元连接起来，也可以共享一个大缓存。在连接方式上也有不同，可以通过总线连接，总线为它们通信提供协议支持；也可以各单元直接相连，这就要求在每个单元内部有负责通信的电路。这些区别完全由实际情况和用户需要决定。

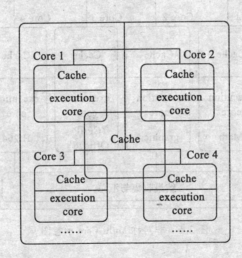

图2.5 对称Multi-Core示意图

可以肯定的是，在对称多核CPU上的每个处理器将有自己的高速缓存或一级L1缓存。Sun在其Niagara芯片（UltraSPARC T1处理器）中，为每个CPU内核提供了专有的L1缓存，但L2缓存是共享的。

在对称多核CPU方面，各大厂商早已制定行动计划。Azul Systems宣布下一代处理器Vega 2在单个芯片内具有48个独立处理内核，该处理器虽然增加了内核数目，但将在每瓦性能上有所改进。48核的Vega 2是"全对称设计"，将提供新指令、优化的流水线和内连结构。

（2）非对称多核

片上系统SoC是当前IC领域的一个重要发展方向。在ATI的图形核心X1000中，集成了 H.264 硬件解码技术。随着集成电路制造工艺与设计技术的发展,集成特殊功能的 SoC 已成为越来越容易的事情。

IBM 认为,未来的处理器将集成目前操作系统的很多底层功能,提高操作系统的运行效率。相应地,操作系统、虚拟机、开发语言和工具将执行更高层次的功能,底层功能由硬件实现来提高运行速度和可靠性,这也是非对称多核 CPU 的原理,Intel 将非对称多核称为"Many Core"。

非对称多核 CPU 是将不同功能的专用内核整合到一个芯片上,等待处理的任务先由"任务分析与指派系统"分析其构成,然后把任务分解发送到各内核中,各内核只负责自己的工作,将运算结果交还结果收集与汇总。这样处理结构将大大提升运算效率,分解单个内核的处理压力。

图 2.6 中的主核为数学运算内核,其他分别为图形系统、TCP/IP 卸载引擎、H.264 解码引擎,其有独立的 Execution(运算)核心,Cache(缓存)可以共享也可以独立,一些简单的内核不需要缓存也可运行。由于辅助内核结构相当简单、功耗低,几乎可以按需任意扩展。Many Core 处理器可能达到 100 个核心,因为各应用专用内核体积较小。

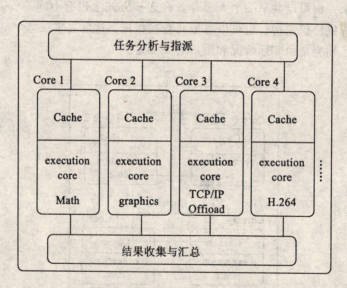

图 2.6 非对称 Multi-Core 示意图

在非对称多核方面的发展最典型的是 PS3 游戏主机上的 Cell 处理器。Cell 是以 IBM 所研发的 64 位 Power 微处理器为核心,结合 8 个独立的浮点数运算单元所构成的非对称多核心处理器。共有 9 个 CPU 内核采用"1+8"模式,即一个 Power 架构 RISC 型 64 位 CPU 内核"PPE"和 8 个浮点处理用的 32 位 8 路 SIMD 型 CPU 内核"SPE"(synergistic processing element)。Power 微处理器内核是 Cell 处理器的大脑,负责运行设备的主操作系统,并为 8 个"协处理器"分配任务。Cell 有 9 个内核和 L2。Cell 的数据总线为 EIB(element interconnect bus)总线。

Cell 的基本构成单元 PPE 可同时执行 2 个线程的 SMT 架构(类似于 Intel 的 HT 超线程技术),配备 32KB 的一级缓存(16 指令缓存和 16 数据缓存)以及 512KB 的二级缓存。协处理内核 SPE 可同时执行 2 条指令超标量,并配备有 128 位×128 个的通用寄存器。1 个

SPE 的最大单精度浮点运算速度为 32GFLOPS，8 个 SPE 合计为 256GFLOPS。9 个内核同步时钟运行。

Cell 的 8 个 SPE 工作方式与普通的多内核处理器不同，各 SPE 分别在独立的地址空间中运行。因此，每个 SPE 备有 256KB 的名为"Local Store"的内存。由于 Local Store 算作 SPE 的内存，所以不需要进行类似 SMP 的缓存一致性（cache coherency）控制。连接各内核的片上总线（bus on chip）采用环形结构。各 SPE 之间的最大数据传输带宽高达 192GB/s。

（3）非对称多核的扩展——PARROT 架构

PARROT 架构是一个革命性的 CPU 架构，其并不是简单地以内核功能或数量进行设计，而是创造性地利用 CPU 执行代码的特点提出"冷管线"与"热管线"概念，并将其分离。Intel 新一代多核 CPU 使用了 PARROT 架构，性能提升显著。PARROT 架构的提出，标志着 Intel 在多核处理器研究方向上的转变。

PARROT 架构最先由 Intel 在以色列海尔法的 CPU 实验室提出。早在 2003 年，根据著名的"阿姆达尔法则（Amdahl's Law）"，该实验室就提出通过对动态执行线路进行优化，将能够大幅度提高芯片的运行效率，使得在单位功耗条件下可获得的运算性能得到大大提升。阿姆达尔法则的关键之处在于，在计算机编程的并行处理中，少数必须顺序执行的指令是影响性能的关键因素，即使增加新的处理器也不能改善运行速度。PARROT 架构如图 2.7 所示。

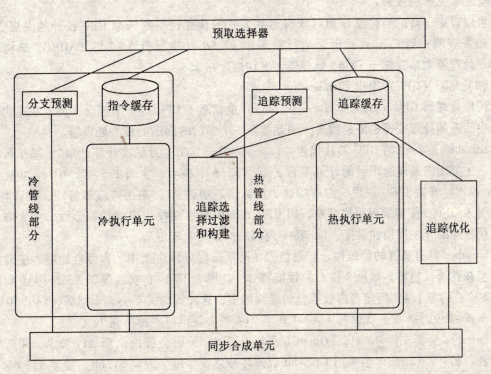

图 2.7　PARROT 架构示意图

基于阿姆达尔法则，研究人员发现 20% 的程序代码会占去 80% 的 CPU 动态执行资源，这类操作被称作热操作（hot execution）的代码要比冷操作代码更规则、更容易预测，并且有很长的不包含分支的指令序列。在传统的 CISC 处理器架构上，这类操作会频繁地让 CPU

前端（Front-End）的解码器和后端（Back-End）的动态执行调度单元经常地重复执行、传输同样的代码，消耗大量的能量，占用大量的运算能力。

为此，PARROT 架构针对这些操作进行了优化设计，NetBrust 架构中 Trace Cache 对 Hot-Trace 采取渐进式的排列优化，并且重新引入 L1 指令高速缓存 D-Cache（减少"冷操作"的微操作对 Trace Cache 的占用），让"冷操作"和"热操作"分别运行在不同的执行电路上，大而降低运算单元的等待时间（如缓存的潜伏期），提高"热操作"的执行效率，以"减少执行一条指令或者某项工作所需要的单位时间"的观念来达到降低耗电的目的。

在基于 PARROT 设计的 CPU 架构中，热操作和冷操作拥有彼此独立的取值和执行单元，热操作被分配了更多的处理资源。这样设计所带来的优势是相当明显的：不但执行单元（HOT EXEC）更加强大，而且拥有冷操作所没有的单元，如追踪优化器（Trace Optimizer）、追踪选择过滤和构建（Trace Select Filter & Build）等。通过实际贡献对 CPU 资源进行合理规划，这就是 PARROT 的巧妙之处。

追踪优化器（Trace Optimizer）是 PARROT 架构在 Trace Cache 应用上的一大改新，相当于一个能对代码进行各种优化的小型硬件编译器。

在 Intel 的范例中，28 个微指令和 7 层指令树经过优化后，可以减少成 10 个微指令、2 层指令树，无论对于改善 Trace Cache 的空间利用、提升 Trace 的执行效率、增强 Trace Cache 的微指令分派率（Dispatch rate）以强化 IPC，以及减少实际上所执行的微指令数目，都有着立竿见影的效果。

可以肯定，新的架构设计和对现有运算方式的优化，将是未来 CPU 设计的发展方向。测试结果表明：当 Conroe 处理器运行频率比 FX-60 处理器低 5% 时，PARROT 架构下的 Conroe 处理器大幅领先于 FX-60 处理器，平均幅度在 25%。

（4）Intel（GPU）架构 Larrabee

图形处理器 GPU（graphic processing unit）是相对于 CPU 的一个概念，由于在现代的计算机中图形的处理变得越来越重要，因此需要一个专门的图形的核心处理器。

Larrabee 是 Intel 的 GPU 芯片代号。Larrebee 属于 Intel "万亿次计算计划"，基于可编程架构，主要面向高端通用目的的计算平台，至少有 16 个核心，主频 1.7～2.5GHz，功耗则在 150W 以上，支持 JPEG 纹理、物理加速、反锯齿、增强 AI、光线追踪等特性。Intel 将 x86 指令引入 GPU，使得编程更加简单，同 CPU 之间的数据交换可以保持一致性，大大降低图形应用程序的开发周期和难度。Larrabee 内部结构如图 2.8 所示。

Larrabee 具有高度的伸缩性、扩展性，在高度图像处理应用中，实际性能基本随着内核数量呈线性增长趋势。如果 8 核心的性能算作 1，那么 16 核心就约等于 2，24 核心约等于 3，32 核心约等于 4。但随着内核数量的继续增多，这种线性关系会逐渐减弱，到了 40 核心只有 3.8～3.9，48 核心就仅有 4.4～4.6 了，64 核心甚至可能都不到 7。

Larrabee 全面支持 DirectX、OpenGL 等现有 API，但也会提供全新 API 技术，用于支持新特性。另外，Larrabee 会采用 1 024bit 双向环形总线，每个方向 512bit，类似 ATI R600 的架构。

（5）最新 Intel 架构 Nehalem

Nehalem 在 Core 微架构（core microarchitecture）基础上增添了 SMT、3 层 Cache、TLB 和分支预测的等级化、IMC、QPI，并支持 DDR3 等技术。与从 Pentium Ⅳ 的 NetBurst 架构到 Core 微架构的较大变化来说，从 Core 微架构到 Nehalem 架构的基本核心部分的变化则要小

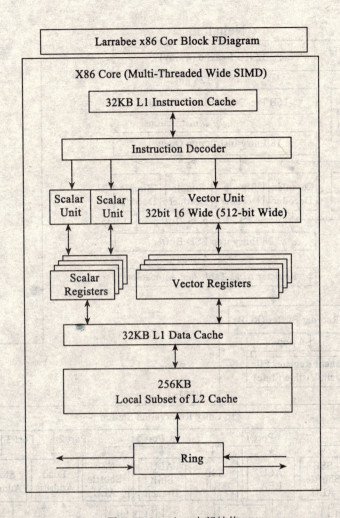

图 2.8 Larrabee 内部结构

一些，因为 Nehalem 还是 4 指令宽度的解码/重命名/撤销。图 2.9 为最新的 Intel 架构 Nehalem 结构图。

Nehalem 是 Intel 全新的动态可扩充型处理器微架构，Nehalem 可显著提升 Intel 当前业界领先的微处理器的性能和能耗表现。随着未来版本的推出，Nehalem 架构将被应用到包括双核、4 核、6 核以及 8 核的处理器中，并可借助"并发多线程"（simultaneous multi-threading）技术，实现 4 至 16 条线程处理能力。Nehalem 将可提供 4 倍于基于当前性能最佳的 Intel 至强处理器的系统的内存带宽。凭借高达 8MB 的三级缓存、7.31 亿个晶体管、Quickpath 高速互连（高达 25.6GB/秒）、集成内存控制器和可选集成显卡，Nehalem 架构将最终被应用到从笔记本电脑到高性能服务器的所有处理器中。该架构还支持 DDR3-800、1066 和 1333 内存，SSE4.2 指令集，32 KB 指令缓存，32 KB 数据缓存，每个内核有 256K 二级低延迟数据和指令缓存以及全新的二级 TLB（translation lookaside buffer）结构等其他众多特性。这些技术上的改进可大幅提升基于 Nehalem 架构的各种处理器的性能和灵活性。

(6) 最新 AMD 架构 Bulldozer

针对 Intel 规划的 45nm 工艺全新架构 Nehalem，AMD 推出了相应的 Bulldozer 处理器架

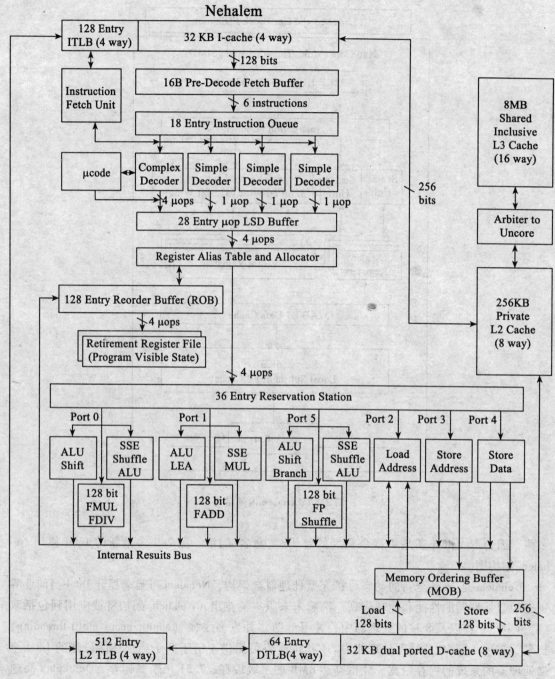

图 2.9　Nehalem 架构示意图

构。Bulldozer 桌面版和移动版的性能每瓦特将是 Barcelona 的 1.3 倍，在服务器和高性能计算平台上则可以达到 1.5～2.0 倍。其结构示意图如图 2.10 所示。

相对 K6 架构，Bulldozer 有如下重要的改进：每内核 2×64KB L1、256KB L2、8MB L3，总共 16 个内核共享，Cache 读写带宽高达 512Bits。

16 个内核的 Bulldozer 的面积（包括 1～3 级缓存）仅仅是 140mm$^2$，采用 45nm 工艺。

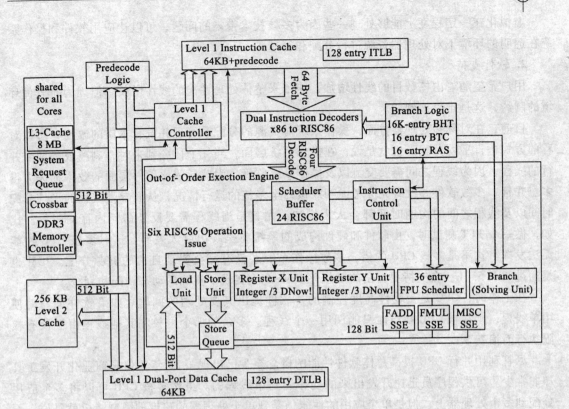

图 2.10　Bulldozer 架构示意图

但 AMD 计划在 2011 年才推出 Bulldozer 核心。

### 2.1.4　多核架构性能问题

**1. I/O 瓶颈**

由于两个内核只能共用一个 I/O 通道，当两个内核之间的数据进行交流的时候，就无法再从外部读入数据从而利用两者的时间差实现资源的有效搭配和利用。尽管两个内核之间可以并行运算，但就整个系统而言，无法实现真正的流水线操作。加上分离的缓存结构需要取得一致性，两个内核之间的交流变得频繁，这实际上也会降低处理器的效率，因此 Pentium D 在技术上并不被看好。

AMD 因为通过引入 Hyper Transport，部分解决了这个问题，并且因为处理器内部自己有独立的内存控制器，可以独立访问内存，两个内核之间的行为具有相对独立性，数据相关变得很小。因而一些测试表明，其随机处理数据的能力要高于 Pentium D。

Hyper Transport 的良好扩展性使得处理器实现多核、多处理器系统相对容易，并且，多处理器扩展的效果也非常好。

Cell 的多核实现与其他基于对称多处理器不同，这个处理器把重心放在了运算基元之上，从而能够把处理器应用到面对不同的应用类型，其内核更多是以运算的基础元件形式存在的。因而，即便在内部，也是按照一个系统的思想来实现的，各个运算单元之间有高速连接通道，除了主控处理器用来分配任务从而形成运算的流水线思想外，其余几个并不具有很完善的运算能力。这几种系统都面临同样的问题：I/O 将是最严重的瓶颈。

虚拟化在一定程度上能够处理一些因为多核技术带来的问题，可以让应用软件和操作系统在透明的环境下对处理器资源进行分配和管理。

**2. 软件支持**

用户希望随着内核数目的线性增加，能带来整体处理性能的线性增长。但因为有软件环境的制约，这是难以做到的。

目前，在对称多处理器方面，操作系统对资源的分配和管理并没有本质的改变，多以对称的方式进行平均分配。也就是说，在操作系统层面，当一个任务到来时，剥离成为两个并行的线程，因为线程之间需要交流以及操作系统监管，因此导致比硬件层面的效率损失大得多。并且，多数软件并没有充分考虑到双核乃至多核的运行情况，从而导致线程的平均分配时间以及线程之间的沟通时间都会大大增加，尤其是当线程需要反复访问内存的时候。比如，做一个 FFT 测试时，由软件和硬件构成的系统将呈现出巨大差异，这时多核 CPU 性能无法发挥。这不是多核 CPU 的错，多数操作系统还没有完全实现自由的资源分配。IBM 也是通过 AIX 5.3L，在支持更自由的虚拟化 Power5 上实现了资源的动态调配和划分。

在工作时，CPU 是受软件高度控制的，软件提出其要处理的问题。如果软件编写时使用单线程，则在被 CPU 执行时只能调用一个线程。多余的那个内核和其他线程由于没有权限执行而浪费。

尽管利用并行 CPU 提高总体软件性能的概念至少已出现了 35 年，但是商业化开发工具却非常少。可供程序员迅速开发出来的程序还是单线程的。虽然多核 CPU 可以将多个应用分配到多个处理器上，但是单个应用的性能仍受到单个处理器的速度的限制。也就是说，不管 1 个处理器还是 100 个处理器，现今的大部分应用程序性能增加不会很大，因为在任何时刻，每个应用只能运行在 1 个处理器上。

因此，对多核技术的真正有效应用成为了限制多核处理器在 PC 上面的普及的瓶颈。

① 单线程应用不会自动在多核系统上运行得更快。在嵌入式系统中普遍使用的 C 和 C++，在本质上是顺序执行语言。因此，当把一个用 C 或 C++ 编写的应用程序移植到多核系统上时，该应用程序也许并不能充分利用多核平台的并行处理能力。

② 由于 C 和 C++ 不能在语言级为应用划分提供任何帮助，因此必须采用系统级划分。通过采用能在内核间重新分配任务的合适的运行（run-time）平台（操作系统及内核间通信），应用/算法划分可在任务（系统）级完成。为获得最佳效率而进行的精细划分（划分任务/算法）可以采用专为该目标设计的代码划分工具来完成。

③ 通信是要花费时间和功率的。对于一个将任务分割到多个内核上的应用而言，软件模块或任务间的通信效率（如通信建立时间、需要传输的数据量、传输速度以及抵达时间的可预测性）是至关重要的。

需要传输的数据量取决于应用类型和应用分割。而传输效率和可预测性则与通信（软件）架构和系统中使用的硬件互联类型有关。硬件互联提供的灵活性可能有限，但分割和通信软件的选择权通常掌握在设计人员手中。

④ 调试多核系统比调试单处理器系统更为复杂，而且可能会影响到应用。

如果整个系统停止工作，那么系统状态很容易被检测出来。但如果其中一个内核或子系统停止工作，系统状态的检测就变得更加复杂，因为其他内核可能正在与停止运作的内核进行数据传输。一些内核会使其外设与内核一起停止工作，这使得内核之间通信状态很容易被检测出来。一个允许控制系统中哪些部分应被停下来进行调试和控制传输中数据的多核调试器是必不可少的。大多数嵌入式系统会受到外部事件的影响和有时间依赖性，如果一个内核为了调试暂停下来，那么整个系统可能将无法正常工作。

总之，多核是必然趋势，软件必须充分利用多核平台的优势，为其提供必要的支持。

## 2.2 多核处理器及其外围芯片组

### 2.2.1 CPU 外围的主板芯片组

芯片组（Chipset）是主板的核心组成部分，按照在主板上的排列位置的不同，通常分为北桥芯片和南桥芯片。北桥芯片就是主板上离 CPU 最近的芯片，这主要是考虑到北桥芯片与处理器之间的通信最密切，为了提高通信性能而缩短传输距离。北桥芯片负责与 CPU 的联系并控制内存、AGP、PCI 数据在北桥内部传输，提供对 CPU 的类型和主频、系统的前端总线频率、内存的类型（SDRAM、DDR SDRAM 以及 RDRAM 等）和最大容量、ISA/PCI/AGP 插槽、ECC 纠错等支持，整合型芯片组的北桥芯片还集成了显示核心。

南桥芯片则提供对 KB（键盘控制器）、RTC（实时时钟控制器）、USB（通用串行总线）、Ultra DMA/33（66）EIDE 数据传输方式和 ACPI（高级能源管理）等的支持。其中，北桥芯片起着主导性的作用，也称为"主桥"（Host Bridge）。

一般来说，芯片组的名称就是以北桥芯片的名称来命名的，如 Intel 845E 芯片组的北桥芯片是 82845E，875P 芯片组的北桥芯片是 82875P。

对于主板而言，芯片组几乎决定了这块主板的功能，进而影响到整个电脑系统性能的发挥，芯片组是主板的灵魂。芯片组性能的优劣，决定了主板性能的好坏与级别的高低。这是因为目前 CPU 的型号与种类繁多、功能特点不一，如果芯片组不能与 CPU 良好地协同工作，将严重地影响计算机的整体性能，甚至不能正常工作。

**1. 主板芯片组结构**

一直以来，主板芯片组都采用南北桥结构，但在主板芯片组中，也有多芯片结构和单芯片结构。

（1）传统的南北桥芯片组

首先来看北桥芯片，该芯片一般位于 CPU 插座与 AGP 插槽的中间，其体型较大，加上其工作强度高，发热量也很大，因此一般在该芯片的上面，还覆盖有一个散热片或者散热风扇。南桥芯片一般位于主板的下方、PCI 插槽的附近，其体型较小，加上其发热量不大，所以一般都没有加装散热片。

（2）三芯片结构

南北桥结构是相当流行的主板芯片组架构，但值得一提的是，Intel 从 i 810/i 815 系列芯片组开始，就不再以南北桥的形式来构成主板芯片组，取而代之的是 ICH、GMCH、FWH 三块芯片组成主板芯片组。GMCH（graphics & memory controller hub，图形与内存控制中心）也就是传统意义的"北桥芯片"，负责支持和管理 CPU、内存以及图形显示控制电路。随着技术的发展，如今 Intel 的 GMCH 体型都比较大，看起来跟一块 CPU 差不多。

ICH（input-output controller hub，输入/输出控制中心）芯片也就是传统意义上的"南桥芯片"，负责支持 PCI 总线、IDE 设备以及各种高速和传统的 I/O 接口和电脑系统能源控制等。用户仍然可以在 PCI 插槽附近找到这种 ICH 芯片。

FWH（firm ware hub，固件中心）则是一块包括主板及显示系统 BIOS、随机数发生器等电脑在内的综合芯片。

（3）单芯片结构

在主板芯片组领域，单芯片具有更加紧密的应用集成和更高的性价比。目前，在单芯片主板芯片组领域最活跃的厂商就是矽统（SiS）。SiS 首款采用单芯片高整合性的芯片组是 SiS 630，在这款产品中首次将传统的南北桥芯片组整合为单一的芯片。从 SiS 630 开始，SiS 推出了多款单芯片的主板芯片组。

**2. 主板芯片组的作用**

（1）提供对 CPU 的支持

目前 CPU 的型号与种类繁多，功能特点也不尽相同，更新速度更是惊人，但不管 CPU 如何发展，都必须有相应的主板芯片组支持才行。当新类型的 CPU 出现后，往往新的主板芯片组也就随之出现。

在整个计算机系统中，CPU 必须经过北桥芯片才能与内存、显卡等关键的系统设备进行通信。北桥芯片与处理器是一个相互依存、彼此匹配的关系，CPU 的发展必定引起北桥芯片的变革，而没有相应的北桥芯片的良好支持，CPU 也无法正常工作，或者说不能完全发挥其性能。

（2）提供对不同类型和标准内存的支持

内存主要用来存放各种现场的输入、输出数据，中间计算结果，与外部存储器交换信息，以及作堆栈用。其存储单元根据具体需要可以读出，也可以写入或改写。

控制内存正常地工作的内存控制器集成在主板芯片组的北桥芯片中。因此，北桥芯片对内存及 CPU 的影响是非常大的。另外，主板芯片组也决定了一块主板能够使用的内存类型。不同芯片组所支持的内存类型、最大容量不同，而这些都将影响整台电脑的性能及可扩展性。

（3）提供对图形接口的支持

显卡是目前发展速度最快的设备之一，而显卡的接口也随着技术的发展经历了 PCI、AGP、PCIE 等多种标准，所有标准都需要相应的主板芯片组的支持。

（4）对输出模式、存储方案的支持

主板芯片组决定硬盘传输模式，如 UltraDMA 33/66/100 等。同时，磁盘阵列技术也已经集成到芯片组中。

**3. 芯片组的最新发展**

芯片组的技术近年来发展迅速，从 ISA、PCI 到 AGP，从 ATA 到 SATA，Ultra DMA 技术，双通道内存技术，高速前端总线等，其进步带来电脑性能的提高。2004 年，PCI Express 总线技术取代 PCI 和 AGP，极大地提高了设备带宽。

同时，芯片组技术也在向着高整合性方向发展，例如，AMD Athlon 64 CPU 内部已经整合了内存控制器，这大大降低了芯片组厂家设计产品的难度，而且现在的芯片组产品已经整合了音频、网络、SATA、RAID 等功能，大大降低了用户的成本。

除了最通用的南北桥结构外，目前芯片组正向更高级的加速集线架构发展，Intel 的 8xx 系列芯片组就是这类芯片组的代表，它将一些子系统，如 IDE 接口、音效、MODEM 和 USB，直接接入主芯片，能够提供比 PCI 总线宽一倍的带宽，达到了 266MB/s。

## 2.2.2 嵌入式软件

在计算机系统中,嵌入到硬件设备中的软件称为固件。通常烧写在 Flash 等介质中,可以被当做一个二进制映像文件由用户从硬件设备中调用。固件在计算机中所处的层次如图 2.11 所示。

图 2.11　固件在计算机中所处的层次

固件是在只读存储器中的计算机程序,是可擦写可编程芯片,其上的程序可以通过专门的外部硬件进行修改,但是不能被一般的应用程序改动。

固件这个词最早是指为微控制器编写的微程序,后来被用来描述廉价微处理器上的硬件的一种功能替代产品。现在,许多设备上的固件不需要额外的硬件就可以进行升级,设备生产商一般都会提供用来进行升级的专用软件。传统的固件就是 BIOS(basic input/output system,基本输入输出系统)。BIOS 作为系统硬件和操作系统之间的抽象层,主要用来初始化和配置系统的硬件、启动操作系统以及提供对系统设备底层的通信。BIOS 通常由两部分组成:上电自检(POST,power on self test)和运行时服务。

BIOS 是连接 CPU、芯片组和操作系统的固件,是 IBM 兼容计算机中启动时调用的固件代码。BIOS 的基本功能是为存储在其他介质中的软件程序做准备工作,使它们能正常地装载、执行并接管计算机的控制权。这个过程被称为"启动"。BIOS 也可以认为是嵌入在芯片内部的程序片段,可以识别并控制计算机中的其他设备。BIOS 这个词是针对个人计算机生产商的,其他类别的计算机,通常使用启动监控器、启动装载器或者启动 ROM。

BIOS 这个名称最早出现在 CP/M 操作系统中,用来描述在 CP/M 中启动时直接与硬件交互的部分。大多数版本的 DOS 中都有"IBMBIO.COM"或"IO.SYS"文件,它们与 CP/M 中 BIOS 的功能类似。

当计算机加电时,BIOS 从 Flash、PROM 或 EPROM 中启动,并完成初始化,进行上电自检,对硬盘、内存、显卡、主板等硬件进行扫描检查,然后它将自己从 BIOS 内存空间中装载到系统的内存空间中,并开始从那里运行。几乎所有的 BIOS 实现方式都会提供一个运行设置 BIOS 内存的程序。这部分内存保存 BIOS 需要访问的用户定制的配置数据(时间、日期、硬件信息等)。IBM 的技术参考手册中有早期个人计算机中 BIOS 的 80x86 源代码。在多数现代 BIOS 的实现中，用户可以选择从 CD、硬盘、软盘、Flash 等设备优先启动。这对安装操作系统或者从 Live CD 中启动都非常有帮助。尽管选择需要装载的操作系统大多由启动装载器解决，还有一些 BIOS 允许用户选择需要装载的操作系统。

传统的固件被存储在 ROM 中，然而，随着价格和性能需要的变化，生产商们纷纷做出了改进，包括 EPROM、EEPROM、Flash ROM 等解决方案，这使得固件可以被操作系统作为设备驱动程序的一部分装载。固件可以向外界提供访问接口，例如，目前许多固件并不能够直接访问，而是作为硬件系统的一部分，响应来自宿主系统的命令。

目前，固件已经演化成为硬件设备中可编程的内容，它包括处理器的机器语言、特定功能设备的配置、门阵列以及可编程逻辑设备等。固件的特征之一就是可以在生产制造以后进行升级，有一些是通过电学的方法，而另一些则是替换存储介质。

计算机系统中的大多数设备都运行自己所需要的软件，其中一些设备将这些软件存储在自带的 ROM 中。慢慢地，制造商发现由宿主系统装载固件既能节约成本又很灵活。所以，如果宿主计算机不能提供所需的固件，相应硬件就没有办法正常运作。固件的装载由设备驱动程序完成。

在实际中，固件的升级可以提升系统的性能和可靠性。许多设备都需要定期对固件进行升级，最常见的有光媒体设备（DVD、CD、HD DVD 等）。由于媒体技术在不断发展，因此，只有不断地对固件进行升级才能保证其兼容性。目前检测固件版本并进行升级的机制还没有统一的标准。这些设备相对于计算机系统中的其他部分，有更多的功能是固件驱动的。

传统的 BIOS 技术正在被以 EFI（extensible firmware interface，可扩展固件接口）为代表的新一代技术所取代，EFI 是一种在操作系统与平台固件之间的软件接口。EFI 的规范最早作为数字版权管理系统的一部分由 Intel 开发，意图替代广泛应用在个人计算机中的传统 BIOS，现在已经由 UEFI 组织来进行开发。

EFI 规范定义的接口包括平台信息的数据表以及启动时和启动后的服务。启动服务包括对不同设备、总线文件服务上支持的文本和图形控制台以及运行时的服务，如时间、日期等。EFI 规范中还描述了一个小型的命令行处理程序，在不直接启动进入操作系统的时候，用户可以选择进入 EFI 的命令行处理程序。

与标准的体系结构相关的设备驱动之外，EFI 规范还提供了与处理器无关的设备驱动环境 EBC。EBC 的代码由目标系统上的固件进行翻译。在某种程度上，EBC 与 Open Firmware 很相像。与体系结构相关的 EFI 设备驱动也可以在某些约束条件下，在操作系统中运行。这使得操作系统在安装适合本地的驱动之前，可以由 EFI 来完成图像和网络方面的工作。EFI 启动管理器被用来选择装载操作系统，而不再需要专门的启动装载器机制辅助。EFI 的扩展可以从连接在计算机上、任何不易丢失的存储设备中装载。

Framework 是一种固件的架构，是 EFI 固件接口的一种实现，用来完全替代传统的 BIOS，如图 2.12 所示。整个 Framework 是层次化和模块化的，并且由 C 语言来实现。

Tiano 是 EFI 的一个具体实现，完全符合 EFI 规范。基于 Tiano 体系的固件可以提供一个平台固件的完全实现，符合 EFI 规范接口实现的标准。从 Intel 的观点看，Tiano 是一个选择，支持所有的 Intel 体系结构系列（Intel Architecture Family）。Tiano 引入了许多现代计算机科学的软件设计原理到固件开发领域。一个关键的优势是，它可以放置更多的代码到结构化的高级语言代码中，并且符合平台要求的设备和服务的对象模型一致性的原则。

不同于传统 BIOS 实现，Tiano 按阶段来初始化平台，将操作系统启动的过程分成 4 个主

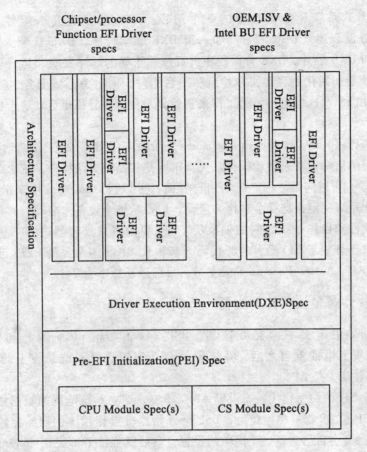

图 2.12　Framework 的结构图

要的阶段：SEC，PEI，DXE 和 BDS。

第一个阶段是安全阶段（SEC，security），是上电后最先的步骤。SEC 支持检查系统执行最先的操作码，确保选择的平台固件映像（image）没有被破坏。这个阶段通常需要硬件支持，新一代的 CPU 和芯片组都支持这些功能。体系提供了 hooks 来支持这些可能在今后产品中被添加进去的功能。因为当前的 CPU 和芯片组硬件不支持安全特性，所以 SEC 阶段通常是介于硬件和上层固件组件的很小一层。

因为选择了高级语言 C，所以需要内存提供堆栈，第一个设计任务就是找到一块初始化过的内存，使得 C 代码可以在给定的系统上实际执行。接下来的 PEI 和 DXE 阶段的划分就是基于这个原则。

PIE（pre initialization environment）表示最小数量的代码，这些代码用来查找和初始化内存，以及用来将执行切换到 C 语言代码的其他一些资源。PEI 阶段做了尽可能少的工作以便寻找与初始化内存，很多芯片组和其他组件的初始化一直延迟到驱动程序执行环境（DXE，driver execution environment）运行之后，才开始进行。早先的 PEI 代码倾向于用适合机器的汇编代码来编写。一旦发现内存，PEI 就准备状态信息来描述平台资源图，并且将其初始化，然后跳转到 DXE 阶段。注意，PEI 到 DXE 的转换是一个单向的状态迁移过程，一旦为 DXE 的初始化装入程序完成之后，PEI 代码将不可用，此时 DXE 成为一个设备齐全的操作环境。

DXE 是大多数系统初始化执行的一个阶段。DXE 阶段有几个组件，包含 DXE 核（Core）、DXE 分派程序（Dispatcher）和一组 DXE 驱动程序。DXE 核产生一组启动服务，即运行时服务和 DXE 服务。DXE 分派程序负责按照正确的顺序发现和运行 DXE 驱动程序。DXE 驱动程序负责初始化处理器、芯片组和平台组件，同时为系统服务、控制台设备和启动设备提供软件抽象。这些组件一起工作来初始化平台，并且提供启动一个操作系统所需要的服务。

启动设备选择（BDS, boot device selection）阶段与 DXE 一起工作，创建一个控制台，并且尝试从可用的启动设备来启动操作系统。BDS 是控制权交给操作系统之前的最后一个阶段。在 BDS 阶段，可以向最终用户展示用户界面，可以被 OEM 修改用来定制 DXE 适应的系统。这个过程用来决定根据哪个映像来启动，以及从哪个设备来启动。

作为系统硬件和操作系统之间的抽象层，EFI 要为多核处理器进行一些量身定制的改造。目前，Intel 已开放了 EFI 平台的源代码，新一代 BIOS 体系规范 UEFI 已成为国际开放标准，并得到 IBM、AMD、Phoenix 等的支持，目前最新版本为 2.1。

## 2.2.3 EFI 软件对多核芯片的支持

在 FrameWork 中定义了两类处理器：BSP（boot strap processor）和 AP（applicatin processor）。在系统上电或重启之后，系统硬件会动态地选择系统总线上的一个处理器作 BSP，其余的都被认为是 AP。

BSP 会执行 EFI 的初始化代码，设置 APIC 环境，建立系统范围的数据结构，开始并初始化 AP。当 BSP 和 AP 都被初始化后，BSP 会开始执行操作系统的初始化代码。在系统上电或重启之后，AP 会自己进行一个简单的设置，然后就等待 BSP 发出 Startup 信号。当收到 Startup 信号后，AP 会执行 EFI 的 AP 初始化代码，然后进入停滞状态。特别地，对于支持超线程的处理器，EFI 会把系统总线上的每个逻辑处理器都作为一个单独的处理器。

在多核计算机中 Framework 初始化过程各步骤如下。在启动时，其中一个逻辑处理器会被选作 BSP，其余的逻辑处理器将会被视为 AP。

(1) SEC

从实模式切换到保护模式，处理不同的重启事件，对每个处理器进行缓存设置，从数据缓存中分配至少 4KB 暂时作为代码运行的堆栈，验证 PEI 的代码甚至整个 BIOS 区域，找到 PEI 的入口地址并传递所需的信息（如处理器的自检信息，堆栈的大小等）。

(2) PEI

做尽量少的硬件初始化，而把更多的留给 DXE。PEI 为 DXE 运行提供了必要的运行条件，如内存初始化并把堆栈切换到当前的内存空间，打开北桥上的一些地址空间，对显示控制器和南桥进行简单的初始化，决定启动的路径（包括 S3 睡眠处理），监控和修复 BIOS 存储区域的错误，验证运行的 PEI 模块，找到 DXE 的入口地址并传递所需的信息（如内存分配信息、Flash 空间分布信息、启动模式等）。

(3) DXE

对所有可用的硬件设备进行初始化，为建立控制台和启动操作系统提供必要的服务。DXE 须与 BDS 相互合作来建立控制台和启动操作系统。DXE 初始化的设备一般包括 BSP 和 AP、南桥和北桥、PCI、LPC（low pin count）、USB、IDE、SATA、显卡以及 Super I/O 的芯片等。

(4) BDS

建立所需的控制台设备，并在输出控制台上显示用户界面。用户可以通过这个界面来对系统进行 setup 设置、诊断、Flash 更新、运行 OEM 增值的服务以及选择要启动的设备启动操作系统。特别地，在系统启动操作系统之前，BIOS 需要提供给操作系统以下信息：内存分配信息、PCI 设备的中断分配表、ACPI（advanced configuration and power interface）表、SMBIOS（system management BIOS）表以及 MP（multi processor）表。

当这个初始化结束后，所有 AP 将进入睡眠状态，而 BSP 将继续执行 EFI 后续的代码。当系统最后选择启动到操作系统时，EFI 需要提交包括处理器在内的有关信息，以便于操作系统能参照它执行自己的启动代码。

固件除了支持系统启动外，还需要支持中断处理。高级可编程中断控制器（APIC）是在中央处理器工作的时候被引入的。每个处理器都有自己的本地 APIC。在系统芯片上会有一个或多个外部的 I/O APIC。

本地 APIC 主要有以下两个功能。

① 接收来自处理器中断脚上、处理器内部和外部 I/O APIC 的中断，并把这些中断发给处理器内核来进行处理。

② 在多核系统中，它在系统总线上接收和发送处理器之间的中断消息（IPI）。IPI 被用来在处理器之间传递中断或执行系统范围的一些功能（例如，启动每个处理器，分派任务给一组处理器）。

I/O APIC 主要用来接收来自系统和设备的外部中断事件，并把它们以中断消息的方式传递给对应的本地 APIC。

为了发送处理器间的中断消息，软件可以通过一个 64 位的本地 APIC 寄存器——中断命令寄存器（ICR，interrupt command register）来产生和定义所需发送的 IPI。

## 2.3 多核处理器的并行计算模型

过去 25 年，处理器芯片上晶体管数的增长基本服从摩尔定律，该定律同时也反映了第四代计算机所使用的处理器芯片并行度增加的情况。

半导体工艺的发展和人们对性能的无止境的追求，是驱动微处理器设计发展的重要因素。首先，半导体工艺的持续发展，在很大程度上影响了处理器的微体系结构设计。半导体工艺的发展提供了越来越多和运行速度越来越快的晶体管资源，这给体系结构研究者提出了非常大的挑战，其中包括控制时钟延迟、降低功耗、控制设计和验证的复杂度，以及缩短生产周期等。

随着工艺的发展，线延迟取代晶体管的翻转速度成为影响处理器时钟频率的决定因素。在深亚微米工艺的设计背景下，信号从芯片的一端传输到另一端需要好几个时钟周期。Alpha21264 以及 Pentium IV 已经开始用专门的流水线传输信号。传统的处理器设计方法受到了前所未有的挑战。另外一个不容忽视的问题就是控制设计的复杂度。尽管 EDA 厂商不断推出更好的 EDA 工具，处理器的设计队伍还是不得不随着芯片的晶体管数目和频率的增加而增加，需要越来越多的工程师验证越来越复杂的设计。

其次，依靠提高流水线频率和复杂的结构设计来改善性能的方法现在面临非常大的障碍。工艺的发展可以提高流水线频率，并且使得复杂的设计有实现的可能性。然而，诸如超流水和超标量等挖掘指令级并行的技术，使得处理器核的设计变得越来越复杂，导致设计过程越来越难以控制。可以预见，这类复杂的设计方法（增加发射宽度以及切分流水线）提高性能的空间会越来越小。摩尔定律关于处理器主频方面的预测会逐渐失效。原因第一是巨大的能量消耗，第二是线延迟的影响，另外的原因还包括难以进一步细分流水线。

另外，功耗问题在处理器设计中变得越来越重要。目前商用处理器耗能超过 100W，这给封装和散热技术提出了非常大的挑战。人们对处理器的评价指标正在发生变化，从成本-单位价格可购得的性能（performance per dollar），到速度-单位时间能完成的动作（performance per second），现在逐渐变成能耗效率-单位功耗达到的性能（performance per watt）。

最后，新的应用对体系结构提出了新的要求，包括实时响应能力、流数据处理、进程或线程级的并行性、I/O 带宽以及功耗等。这些要求直接促进了新的体系结构的出现。

目前的体系结构技术主要通过挖掘三种并行性来提高性能，即指令级并行性、数据级并行性以及线程级并行性。

**1. 指令级并行模式（ILP，instruction level parallelism）**

程序代码本质上是偏序的，这意味着可以同时发射执行多条不相关的指令，这种指令间的可重叠性或无关性就是指令级并行性。挖掘指令级并行性有两大类方法，一类是通过硬件动态的发现和利用指令间的并行性，如超标量和超流水技术；另一类是通过软件来静态识别指令级并行性，如 EPIC（explicitly parallel instruction computing，显式并行指令计算）和 VLIW（very-long instruction word，超长指令字）技术。

超标量和超流水技术在 20 世纪 90 年代广泛用于商用处理器上。为了同时执行更多的指令，研究人员提出许多微体系结构的技术，包括乱序执行、多层次的存储层次以及片上缓存（Cache）、各种激进的推测执行技术（如分支预测、值预测等）。这些技术在提高性能的同时，大大地增加了整个结构的复杂程度。更重要的是，研究表明，ILP 能够挖掘的空间有限。在目前物理设计所能实现的指令发射窗口的前提下，4 发射的超标量处理器的 IPC（instructions per clock cycle，每时钟周期完成的指令数）通常在 2 左右。另外，超流水技术以不断切分流水线的方式来提高主频，进而达到提升性能的目的。目前，高主频的处理器流水线已经很难再细分，同时更深的流水线也增加了转移预测失误的代价。

EPIC 和 VLIW 技术需要依靠强大的编译器来识别 ILP。这种静态方法并不能完全识别程序动态执行所揭示的并行性，同时对于不同的指令集需要考虑兼容性的问题。

总之，挖掘指令级并行性提高性能的方法通常以复杂的结构设计/验证/测试、低效的资源利用率以及高功耗为代价。事实上，挖掘指令级并行性所能够预期的性能提高空间开始逐渐变得越来越有限。

**2. 数据级并行模式（DLP，data level parallelism）**

数据级并行性广泛存在于科学计算、网络、媒体以及数字信号处理等应用领域。在这些领域，可以通过挖掘数据级并行性取得显著的性能提高效果。向量机在超级计算领域仍然占有重要的地位，SIMD（single instruction multiple data，单指令多数据流）技术也被广泛地用于通用处理器领域，如 Pentium IV 采用 SSE2 指令集和专门的硬件来支持媒体应用。尽管挖掘 DLP 的技术不能在高性能通用计算领域扮演主流角色，但是该技术仍然可能以协处理器或特殊功能单元的形式发挥重要作用。

### 3. 线程级并行模式（TLP）

多线程应用不仅广泛存在于商业服务器领域（如在线事务处理、企业资源管理、Web 服务以及协同组件等），并且会随着面向对象方法和虚拟机技术的发展，大量出现在桌面应用领域。可以通过挖掘线程级并行性来提高多线程应用程序的性能，这类研究是目前高性能处理器领域的热点问题。

## 2.3.1 微处理器中的并行计算

1965 年，戈登·摩尔（Gordon Moore）发现了这样一条规律：半导体厂商能够集成在芯片中的晶体管数量大约每 18～24 个月翻一番，即众所周知的摩尔定律。在过去的 40 年中，摩尔定律一直引导着计算机设计人员的思维和计算机产业的发展。但是，许多人却错误地认为摩尔定律只是预测 CPU 时钟频率的工具。

造成这种认识的原因其实不难理解，因为 CPU 时钟频率一直是衡量计算性能的最通用的指标。在过去的 40 年中，CPU 时钟频率基本上是按照摩尔定律发展的。但是，还有一种对摩尔定律的认识与此不同，这种观点认为摩尔定律给芯片设计人员施加了一条不必要的限制。虽然，提高直线指令的吞吐率以及时钟速度都是值得努力的目标，但是计算机体系结构设计师仍然可以通过其他一些途径来利用数量不断增长的晶体管。

例如，为了使处理器资源得到最充分的利用，计算机体系结构设计师采用了指令级并行技术（ILP）来提高处理器性能。指令级并行技术，即动态执行或者乱序（out of order）执行技术，使得 CPU 能够以更加优化的方式对指令进行重定序，从而达到消除流水线停顿的目的。指令级并行技术的目标就是要增加处理器在单个时钟周期内所能够执行的指令数量。

要使指令级并行技术能够发挥效果，所执行的多条指令必须不相关。在顺序程序中，指令之间的相关性会限制能够同时执行的指令数量，从而减少了指令并行执行的机会。而重定序机制能够重新安排指令执行顺序，让不相关的指令能够并行执行，进而保持处理器的执行单元尽量处于工作状态。在这种条件下，指令就不一定按照程序原来的顺序执行，对指令进行动态调度的工作是由处理器本身完成的。需要强调的是，这种并行是发生在硬件层次上的，而且对于软件设计开发人员来讲是透明的，也就是说，软件人员并不能、也不需要看到计算机硬件上的这些变化。

随着软件技术的不断发展，应用程序也开始支持同时运行多个任务的功能。如今的服务器应用程序都是由多个线程或者多个进程组成的。目前，有好些方法可以对线程级的并行提供硬件或者是软件上的支持。

计算科学是理论科学、实验科学之外的第三种研究手段，对未知世界的探索为计算技术带来了巨大的挑战，并行计算是解决计算挑战的必由之路。随着通用集群技术和多核技术的发展，并行计算技术正逐步走向普及。并行计算的研究涵盖并行计算机体系结构、并行算法和并行编程三个方面，其挑战在于软件和应用。

人类对计算及性能的要求是无止境的：从系统的角度看，集成系统资源，以满足不断增长的对性能和功能的要求；从应用的角度看，适当分解应用，以实现更大规模或更细致的计算。

计算科学与传统的两种科学，即理论科学和实验科学，被认为是人类认识自然的三大支柱，它们相辅相成，推动科学发展与社会进步。在许多情况下，当理论模型复杂甚至理论尚未建立，或实验费用昂贵甚至无法进行时，计算就成了求解问题的唯一或主要的手段。

并行计算是由运行在多个部件上的小任务合作来求解一个规模很大的计算问题的一种方

法。传统的串行计算,分为"指令"和"数据"两个部分,并在程序执行时"独立地申请和占有"内存空间,且所有计算均局限于该内存空间。并行计算将进程相对独立地分配于不同的节点上,由各自独立的操作系统调度,享有独立的 CPU 和内存资源(内存可以共享);进程间相互信息交换通过消息传递。

并行化的主要方法是分而治之。一是根据问题的求解过程,把任务分成若干子任务(任务级并行或功能并行);二是根据处理数据的方式,形成多个相对独立的数据区,由不同的处理器分别处理(数据并行)。

### 2.3.2 SIMD 同步并行计算模型

**1. SIMD 共享存储模型**

PRAM(parallel random access machine)模型,即并行随机存取机器,也称为共享存储器的 SIMD 模型,是一种抽象的并行计算模型。在这种模型中,假定存在着一个容量无限大的共享存储器;有有限或无限个功能相同的处理器,且均具有简单的算术运算和逻辑判断功能;在任何时刻,各处理器均可通过共享存储单元相互交换数据,如图 2.13 所示。

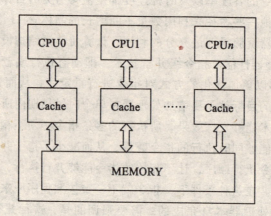

图 2.13 SIMD 共享存储模型示意图

根据处理器对共享存储单元同时读、同时写的限制,PRAM 模型又可分为以下几种。

不允许同时读和同时写(exclusive-read and exclusive-write)的 PRAM 模型,简记为 PRAM-EREW。

允许同时读但不允许同时写(concurrent-read and exclusive-write)的 PRAM 模型,简记为 PRAM-CREW。

允许同时读和同时写(concurrent-read and concurrent-write)的 PRAM 模型,简记为 PRAM-CRCW。

显然,允许同时写是不现实的,于是对 PRAM-CRCW 模型做了进一步的约定:

①只允许所有的处理器同时写相同的数,此时称之为"公共"(Common)的 PRAM-CRCW,简记为 CPRAM-CRCW;

②只允许最优先的处理器先写,此时称为"优先"(Priority)的 PRAM-CRCW,简记为 PPRAM-CRCW;

③允许任意处理器自由写,此时称为"任意"(Arbitrary)的 PRAM-CRCW,简记为

APRAM-CRCW。

上述模型中，PRAM-EREW 是最弱的计算模型，PRAM-CRCW 是最强的计算模型。

令 $T$ 表示某并行算法在并行计算模型 M 上的运行时间，则 $T_{EREW} \geq T_{CREW} \geq T_{CRCW}$。

PRAM 模型有很多优点：特别适用于并行算法的表达、分析和比较；使用简单，很多诸如处理器间通信、存储管理和进程同步等并行计算机的低级细节均隐含于模型中；易于设计算法，稍加修改便可运行在不同的并行计算机上；有可能加入一些诸如同步和通信等。

PRAM 模型的缺点主要在于：PRAM 是一个同步模型，这就意味着所有的指令均按同步方式操作，用户虽感觉不到同步的存在，但很费时；共享单一存储器的假定，显然不适合分布存储的异步 MIMD 机器；假定每个处理器均可在单位时间内访问任何存储单元而略去存取竞争和有限带宽等都是不现实的。

尽管 PRAM 模型是很不实际的并行计算模型，但目前在算法界仍被广泛使用，且被普遍接受下来，特别是算法理论研究者都非常喜欢它。

**2. SIMD 分布存储模型**

分布存储的 SIMD 模型，简记为 SIMD-DM；SIMD 互联网络模型，简记为 SIMD-IN。许多实验性的和商业化的并行计算机几乎都是基于这种结构。其中，各处理器（包括算术逻辑单元和本地存储器）通过前面所介绍的各种互联网络连接起来，从而形成各种不同互连结构的分布存储 SIMD 模型。

常用的分布式存储 SIMD 模型如下：

① 采用一维线性连接的 SIMD 模型，简记为 SIMD-LC；
② 采用 IN 连接的 SIMD 模型，简记为 SIMD-IN；
③ 采用树形连接的 SIMD 模型，简记为 SIMD-TC；
④ 采用树网连接的 SIMD 模型，简记为 SIMD-MT；
⑤ 采用立方连接的 SIMD 模型，简记为 SIMD-CC；
⑥ 采用立方环连接的 SIMD 模型，简记为 SIMD-CCC；
⑦ 采用洗牌交换连接的 SIMD 模型，简记为 SIMD-SE；
⑧ 采用蝶形连接的 SIMD 模型，简记为 SIMD-BF；
⑨ 采用多级互联网络连接的 SIMD 模型，简记为 SIM-MIN 等。

SIMD 分布存储模型如图 2.14 所示。

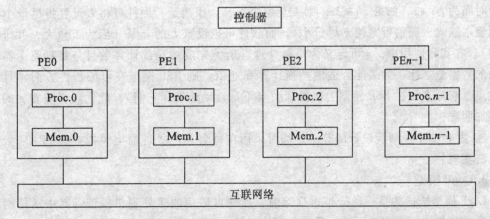

图 2.14　SIMD 分布存储模型

### 2.3.3 MIMD 异步并行计算模型

**1. 异步 PRAM 模型**

分相（phase）PRAM 模型是一个异步的 PRAM 模型，简记为 APRAM，由 p 个处理器组成。其特点是：每个处理器都有其本地存储器、局部时钟和局部程序；处理器间的通信经过共享全局存储器；无全局时钟，各处理器异步地独立执行各自的指令；处理器的任何时间依赖关系需明确地在各处理器的程序中加入同步（路）障（synchronization barrier）；一条指令可在非确定但有限的时间内完成。

**2. BSP 模型**

大同步并行 BSP（bulk synchronous parallel）模型（相应地，APRAM 模型也叫做轻量同步模型）早期最简单的版本叫做"XPRAM 模型"，它作为计算机语言和体系结构之间的桥梁，有下述三个参数描述分布存储的并行计算机模型：

① 处理器/存储器模块（简称"处理器"）；
② 处理器模块之间点到点信息传递的路由器；
③ 执行以时间间隔 L 为周期的路障同步器。

所以，BSP 模型将并行机的特性抽象为三个定量参数 $p$、$g$、$L$，分别对应于处理器数、路由器吞吐率（也称"带宽因子"）及全局同步之间时间间隔。

BSP 模型中，计算由一系列用全局同步分开的周期为 $L$ 的超级步（super step）组成。在各超级步中，每个处理器均执行局部计算，并通过路由器接收和发送消息，然后做一全局检查，以确定该超级步是否已由所有的处理器完成，若是，则前进到下一超级步，否则下一个 $L$ 周期将被分配给未曾完成的超级步。

BSP 模型是个分布存储的 MIMD 计算模型，其特点是：

① 它将处理器和路由器分开，强调了计算任务和通信任务的分开，而路由器仅施行点到点的消息传递，不提供组合、复制或广播等功能，这样做既掩盖了具体的互联网络拓扑，又简化了通信协议；

② 采用路障方式的以硬件实现的全局同步在可控的粗粒度级，从而提供了执行紧耦合同步式并行算法的有效方式，而程序员并无过分的负担；

③ 在分析 BSP 模型的性能时，定局部操作可在一个时间步内完成，而在每一超级步中，一个处理器至多发送或接收 $h$ 条消息（h-relation）。假定 $s$ 是传输建立时间，则传输 $h$ 条消息的时间为 $gh+s$，如果 $gh \geq 2s$，则 $L$ 至少应 $\geq gh$。很清楚，硬件可将 $L$ 设置得尽量小（如使用流水线或大通信带宽使 $g$ 尽量小），而软件可以设置 $L$ 的上限（因为 $L$ 愈大，并行粒度愈大）。在实际使用中，$g$ 可定义为每秒处理器所能完成的局部计算数目与每秒路由器所能传输的数据量之比。如果能合适地平衡计算和通信，则 BSP 模型在可编程性方面将具有主要优点，它可直接在 BSP 模型上执行算法（不是自动地编译它们）。此优点将随着 $g$ 的增加而更加明显；

④ 为 PRAM 模型所设计的算法，均可采用在每个 BSP 处理器上模拟一些 PRAM 处理器的方法实现。

**3. LogP 模型**

LogP 模型描述的是一种分布式存储的、点到点通信的多处理机模型，其中通信网络由一组参数来描述，但它并不涉及具体的网络结构，也不假定算法一定要用显式的消息传递操作进行描述。LogP 是以下几个定量参数的拼写：

① L（latency）表示消息从源到目的在网络上的延迟；

② o（overhead）表示处理器发送或接收一条消息消耗在网络协议栈中的开销，并且在此开销期间处理器无法进行其他操作；

③ g（gap）表示处理器可连续进行消息发送或接收的最小时间间隔；

④ P（processor）表示处理器\存储模块数。

很显然，g 的倒数相应于处理器的相应带宽；L 和 g 反映了通信网络的容量。L、o 和 g 都可以表示成处理周期（假定一个周期完成一次局部操作，并定义为一个时间单位）的整数倍。

**4. $C^3$ 模型**

$C^3$（computation，communication，congestion）模型是一个与体系结构无关的粗粒度的并行计算模型，旨在能反映计算复杂度以及通信模式和通信期间潜在的拥挤等因素对粗粒度网络算法的影响。

MIMD 异步并行计算模型如图 2.15 所示。

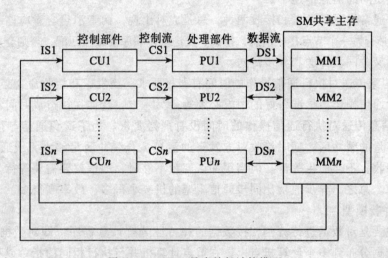

图 2.15 MIMD 异步并行计算模型

### 2.3.4 并行程序设计模型

并行程序设计模型按通信方法可分为共享变量模型、消息传递模型和数据并行模型三种。

**1. 共享变量模型**

各节点之间通过访问共享变量实现通信，具有共享存储器的紧密并行机系统适合采用这种模型。

在共享内存系统中，多个处理器上的进程同时共享公共同一内存空间中的数据，对它们进行操作，从而进行通信。这些操作包括远程的内存地址操作和对同一地址空间的多线程操作（多线程操作是指在一个单个的进程中同时有多个并发的执行路径）。这些模型与并行机以及并行机的体系结构之间是相互独立的，只要有恰当的操作环境的支持，以上的模型可以被用于任意一台并行机上。一个高效率的并行程序或并行算法，实际上就是要恰当合理地利用并行机的硬件和软件资源，从而达到最优化的并行计算效率。

共享变量模型要解决的一个重要问题是避免共享存储区的访问冲突。解决这一问题的硬件途径是通过排队避免多节点同时访问共享存储区。

从软件方法考虑，可以将访问共享变量的程序段设置为临界区，每次只允许1个节点机访问共享变量。某节点机一旦开始执行，临界区就不能间断，直至完成为止。在此期间可以采用加锁方法，或利用信号灯阻止其他节点机进入临界区，从而实现互斥访问要求，避免共享存储区的访问。共享变量模型的优点是只需通过访存操作即可实现共享变量的访问，无需特殊的通信命令，较容易编程。

**2. 消息传递模型**

消息传递可以被定义为：一组进程不仅仅利用本地的内存空间，还包括各个进程之间通过发送和接收消息来实现进程之间的相互通信。通信以消息为单位，不存在互斥控制的复杂问题。具有分布存储器的松耦合并行结构适合采用此种模型。

在分布式并行编程过程中，消息的传递是靠并行环境的通信库的子程序来完成的，而不需要用户单独编制自己的通信子程序，除非有特殊的需要。用户只需要调用这些函数库就可以实现各节点之间的消息传递了。

通信命令通常主要是发送和接收两种，总是成对出现，两者消息含意应该一致，某个节点发送消息，必有另一个节点接收消息，接收、发送操作顺序要相互匹配，否则会发生死锁。

消息传递又分同步传送和异步传送。

① 同步消息传送对执行通信操作的时间有严格要求。当发送和接收命令必须都"就绪"后，才能执行通信操作。早准备好的一方必须等待另一方，这样往往造成时间浪费。

② 异步消息传送对执行通信操作的时间没有严格要求。为了避免通信等待，可在通道中设置较大容量的缓冲区。随时接收对方发来的消息。若缓冲区足够大，或通信量足够小，消息可随到随收，不会产生等待。但当缓冲区容量不够时，通信就要需要等待，这种通信等待也称为阻塞。总之，异步通信比同步通信阻塞的机会小得多、效率高得多。

**3. 数据并行模型**

该模型主要是对数据进行分割，按数据的并行性分解计算程序，即对数据分块、分段，然后将一组数据分布到多个计算机点上，在节点计算机并行执行相同的指令或程序。另外有一个全局的存储空间和数据结构进行并行操作。

在数据并行编程中，数据根据一定的算法规则分配到各个处理器节点上，所有的消息的传递对编程者来说是不可见的。因此，数据并行编程比较适合于使用规则网络、模板和多维信号及图像数据集来求解细粒度的应用问题。

## 本 章 小 结

各种应用对计算性能越来越高的需求促使了并行计算方法的出现，同时，集成电路设计与制造技术的发展使得大规模、高集成度的芯片实现成为可能，这两者一起，使得多核处理器的面市成为必然。

本章首先介绍了主流的单芯片多核处理器架构及其性能指标。然后，对多核处理器及其外围芯片进行了介绍。最后，从应用软件的角度出发，介绍了并行计算模型及多核处理器的并行程序设计模型。

# 第3章 多线程编程基础

## 3.1 多线程概念

近年来，随着多处理机的发展，多线程技术引起了计算机界研究人员的高度关注。为了方便用户开发多任务并行程序，Intel等处理器厂商提出了进程内多线程概念，多线程技术致力于线程级的并行性程序开发，用户可以开发共享地址空间的并发或并行程序。

多线程的思想最早在 B. Smith 设计的 Deneclor HEP 机器中率先采用，更早可以追溯到20世纪60年代 CDC 6600 机器中的多功能部件计分牌。到了20世纪80年代初期，一些基于微内核的操作系统开始提出线程的概念并加以研究。此后，一些流行的操作系统如 Windows 95/NT 等也纷纷增加了对多线程的支持，试图用它来提高系统内程序并发执行的程度，从而进一步提高系统的计算能力，而且在新推出的程序设计语言及其他应用软件中，也都纷纷引入了线程，来改善系统的性能。总之，由于多线程能够更好地开发并行性和提高系统性能，在体系结构、操作系统、运行库、程序设计语言等增加对多线程的支持已成为一种趋势。

### 3.1.1 何谓多线程

传统操作系统经常用到进程的概念，它是一个内核级的实体，由程序控制块 PCB (process control block)、程序、数据集合组成。其中，程序部分描述了进程所要完成的任务，数据集合包括两方面内容，即程序运行时所需要的数据和工作区。数据通常是各个进程专有的，而程序可以是若干进程的描述信息和控制信息，是进程动态特性的集中反映，也是系统对进程进行识别和控制的依据。在 Unix 中用 fork 创建子进程，如创建成功，则父进程与子进程处于不同的位置空间，子进程创建过程实质是产生一个父进程的副本，子进程的 proc 结构（即 PCB 中的一部分）相对于父进程的 proc 结构的个别项（如增加了父进程名、修改了该子进程产生的时间等）作了变动。这种方式不但增加了 CPU 的机时开销，而且消耗了大量的内存空间。在传统的操作系统中，进程既是资源分配的基本单位，又是一个可以独立调度和分派的基本单位。作为资源分配的基本单位，不同的进程拥有各自独立的地址空间：代码段、数据段和栈，且拥有各自独立的资源：文件描述符表、进程表项、当前目录等。于是，进程的上下文相当庞大，而以这种附带着庞大上下文的进程作为 CPU 调度的基本单位，系统在进程的创建、撤销和切换中要为之付出较大的时空开销，加重了系统管理进程的负担，使得开发程序的并行性时受到局限。因此，要提高系统效率，实现系统的并行机制，用进程这种方式来实现是不可取的，因而产生了一个新概念，即线程（Thread）。

从程序角度来看，线程是一段顺序指令序列，是进程中的一个实体，是比进程更小的执行单元，是被系统独立调度和分派的基本单位。对于多线程的操作系统来讲，通常一个进程都有若干个线程,至少也有一个线程。如果在操作系统中引入进程的目的是为了使多个程序并发执行,那么在操作系统中引入线程,则是为了减少程序并发执行时所应付出的时空开销,使操作系统具有更好的并发性。通过把进程分解为线程(进程仍是资源分配的基本单位),使得线程成为 CPU 调度的基本单位,而线程只拥有在运行中必不可少的资源(如程序计数器、一组寄存器和栈)。同时,进程的各线程共享地址空间及其他资源,这样使得线程上下文负担很轻。单线程进程与多线程进程的资源使用情况如图 3.1 所示。

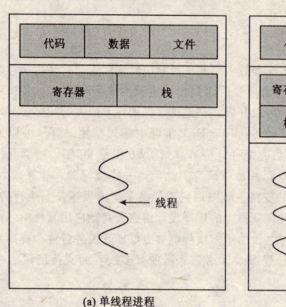
(a) 单线程进程

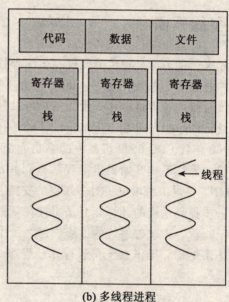
(b) 多线程进程

图 3.1　线程示意图

### 3.1.2　用户线程与内核线程

针对现代操作系统,要深入理解线程的概念,关键在于要充分认识到操作系统的两个截然不同的层次。根据线程的运行空间位置,可分为应用程序级即用户空间的用户线程和操作系统内核空间的内核线程。

用户线程在内核之上,并由用户通过线程库编程实现。线程库提供对线程创建、调度和管理的支持而无需内核支持。由于内核并不知道用户级的线程,所以所有线程的创建和调度都是在用户空间内进行的,无需内核干预。因此,用户线程通常能快速地创建和管理。

内核线程由操作系统直接支持。内核在其空间内执行线程创建、调度和管理。因为线程管理是由操作系统完成的,所以内核线程的创建和管理通常要慢于用户线程的创建和管理。不过,内核管理线程在一个线程执行阻塞系统调用时,内核能够调度应用程序的另外一个线程。而且,在多处理器环境下,内核能在不同的处理器上调度线程。绝大多数操作系统,包括当代的 Windows 系列、Solaris、BeOS 和 UNIX 都支持内核线程。结构图如图 3.2 所示。

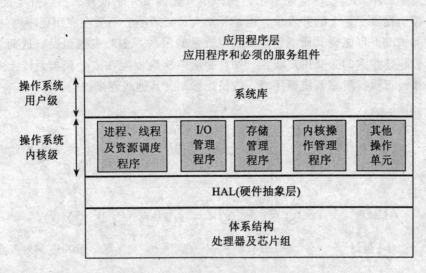

图 3.2　线程与操作系统的关联层次结构

## 3.2　多线程模型与层次

许多操作系统都提供对用户线程和内核线程的支持，从而有不同的多线程模型。常用的多线程模型：多对一模型、一对一模型和多对多模型。

### 3.2.1　多对一模型

多对一模型（如图 3.3 所示）将许多用户级线程映射到一个内核线程。线程管理是在用户空间进行的，因而效率比较高，但是如果一个线程执行了阻塞系统调用，那么整个进程就会阻塞。而且，因为任一时刻只有一个线程能访问内核，多个线程不能并行运行在多处理器上。另外，在不支持内核级线程的操作系统上所实现的用户级线程库也使用了多对一模型。

### 3.2.2　一对一模型

一对一模型（如图 3.4 所示）将每个用户线程映射到一个内核线程。该模型在一个线程执行阻塞系统调用时，能够允许其他线程继续执行，所以它提供了比多对一模型更好的并发功能；它也允许多个线程能并行地运行在多处理器系统上。这种模型的唯一缺点是，创建一个用户线程就需要一个相应的内核线程。由于创建内核线程的开销会影响应用程序的性能，所以这种模型的绝大多数限制了系统所支持的线程数量，Windows NT、Windows 2000 和 OS/2 实现的就是一对多模型。

### 3.2.3　多对多模型

多对多模型（如图 3.5 所示）多路复用了许多用户级线程到同样数量或更小数量的内核线程上。内核线程的数量可能与特定应用程序或特定机器有关（位于多处理器上的应用程序可比单处理器上的应用程序分配更多数量的内核线程）。虽然多对一模型允许开发人员随意创建任意多的用户线程,但是由于内核一次只能调度一个线程,所以并不能增加并发性。一对一模型提供了更大的并发性,但是开发人员必须小心不要在应用程序内创建太多的线程,在有些情况下可能受其所能创建的线程数量的限制。多对多模型没有这两者的缺点,开发人员可创建任意多的必要用户线程,并且相应内核线程能在多处理器系统上并行执行。而且,当一个线程执行阻塞系统调用时,内核能够调度其他线程来执行。

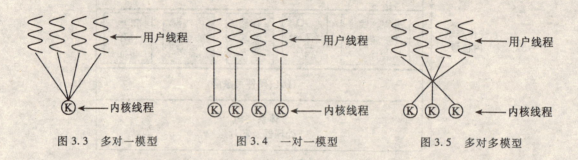

图 3.3　多对一模型　　　　图 3.4　一对一模型　　　　图 3.5　多对多模型

由多线程的结构可以看出,多线程机制相对于进程机制拥有以下优点。

① 创建一个线程比创建一个进程的代价要小。由于线程是公共进程的资源,所以进程被创建时不需再分配内存空间等资源,因而创建线程所需要的时间也更少。

② 线程的切换比进程间的切换代价要小。线程作为执行单元,当从统一进程的线程切换到另外一个线程时,需要载入的信息比进程切换时要少,所以切换的速度更快。

③ 数据共享更加方便。对同一个进程的线程来说,它们共享同一块地址空间,多个线程可以访问相同的数据。数据共享使得线程之间的通信比进程间的通信更加高效、快捷。

④ 并行或并发的多线程程序模式可以优化程序的运行速度,使程序能够充分的利用CPU 的空闲时间片和多处理器的并行资源,多线程模式大大提高了程序的运行效率。

⑤ 后台运行与快速响应。对于交互式的程序,特别是界面类程序来说,大运算量的算法可以置于后台运行,即使运算线程暂时阻塞,界面进程同样可以让用户进行交互操作,保持正常的运行和响应。界面进程和工作进程的结合,使得设计更加丰富,提高了交互界面的美感和人机交互的效率。

### 3.2.4　多线程的层次

**1. 用户级多线程**

用户级多线程没有操作系统内核的支持,完全在用户级提供一个库程序来实现多线程管理,这些库提供了创建、同步、调度与管理线程的所有功能,无需操作系统特别支持,多线库实现的多线程分时地在进程中运行,由多线库线程调度器负责线程的调度与切换。由用户利用多线库编写的多任务程序,和一般的用户程序一样,作为执行文件存放于外存中,在进程创建时,由操作系统将程序由数据段映射到用户进程虚空间,并从初始入口开始执行,这时,初始程序作为主线程在进程中运行,主线程的栈区沿用原来进程用户栈的约定空间。当需要产生新线程去运行并完成并行任务时,主线程程序安排一个多线库调用产生一个线程,并说明要执行的过程段或函数及初始数据,多线库会建立好新线程的所有管理表格,分配栈空间和线程私有存储空间,当用户线程将控制交给了多线库后,多线库会在处理完线程请求之后作线程调度,如果没有线程切换,则控制返回调用者线程,当需要进行线程切换时,多

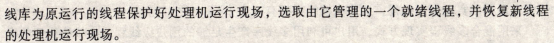

线库为原运行的线程保护好处理机运行现场,选取由它管理的一个就绪线程,并恢复新线程的处理机运行现场。

采用用户级多线库来实现多线程,操作系统不提供对多线程的支持,用户级线程的所有管理控制全部由多线库承担,所有线程的管理控制用表格都存于进程的用户空间,操作系统只感觉到进程存在,操作系统进程调度程序安排进程占用处理机,而不管多线程对进程的占用。

用户空间的多线库对线程的调度与操作系统进程调度程序对进程的调度是分开的,系统对进程的管理表格存于系统空间,多线库对线程的管理表格存于用户空间。由于不经过操作系统内核以及不占用操作系统资源,因此开销小,适合于开发具有大量细粒度的并行性应用程序,为用户提供一个简明的同步并行编程环境。

当然,使用多线程库来实现用户级多线程也存在明显的缺点,即进程内的线程在进程外是不可见的,这些线程不能独立调度,当一个线程阻塞时,就会造成整个进程的阻塞。

### 2. 内核级多线程

与用户级多线程不同,内核级多线程是由操作系统支持实现的线程,操作系统负责内核级多线程的各种管理表格、负责线程在处理机上的调度和切换,操作系统提供了一系列系统调用界面让用户程序请求操作系统作线程创建、撤销等。

当一个进程被创建时,系统同时创建一个内核级多线程,用户初始程序即在该内核级多线程序上运行,称之为主内核线程,当需要创建新的线程去运行并行任务时,主内核线程运行的程序安排一个线程创建系统,调用产生一个新的内核级线程,并说明要执行的过程段或函数及初始数据,同时也为该线程提供一个用户栈空间,除第一个线程栈空间在线程初始化时按约定预留外,其他线程栈空间由用户运行程序自行动态分配,内核建好内核级线程的线程控制块 TCB 等管理数据结构,为线程分配一个核心空间。

由于线程的产生和管理经过操作系统内核,并且要占用操作系统资源,这就限制了一个系统中的内核级多线程的数目,因此它适合于开发粗粒度的并行性应用程序,但是与用户级多线程相比,它在进程外是可见的,可独立参与调度,从而避免了用户级多线程中一个线程阻塞导致整个进程阻塞的情形,如 Windows 95/NT 提供内核级多线程。

### 3. 混合多线程

用户级多线程和内核级多线程实现方式各有优缺点,现代操作系统中通常提供混合多线程的实现方式。这样既有利于用户编写并行程序,又能够最大限度地发挥多处理机的并行性。混合实现方式可以分为两层结构,下面一层由内核提供内核级线程,上面一层由库程序提供用户级线程,中间轻型进程是内核级线程支持用户级线程的接口。

用户可利用多线库函数编写的并行程序作为用户执行文件,在进程创建时,被映射到进程用户虚拟空间中,第一个内核级线程随进程同时被创建,用户程序的主函数在该线程上运行,当需要时,用户程序可以调用多线库创建新的用户级线程,也可以请求多线库到内核去申请更多的内核级线程,每当多线库申请创建一个内核级线程,多线库让该内核级线程运行及时做好相关的初始化工作后即转到用户线程调度程序运行,多线库调度程序即可以再调度用户级线程,将控制交给被调用户线程。内核支持多个内核级线程的并发执行。这些内核级线程都执行内核代码,访问内核数据结构,它们共享同一地址空间,相互之间切换开销小。而且,内核还提供了仅供内核线程内部使用的同步机制,保证数据结构的完整性。内核级线程由内核进行调度,它选择优先权高的线程到某个 CPU 上运行。基于内核线程,内核通过轻量级进程来实现用户线程，这些内核线程都有一个 LWP 与之对应。

采用混合多线程实现方式，用户可利用多线库产生足够的用户级线程。内核级线程的操作系统调用界面只提供给多线库使用，用户可以完全不知多线库使用了几个内核级线程，也可以通过多线库的接口申请更多的用户级线程，所有内核级线程都由多线库管理使用，由多线库选择用户级线程在哪一个内核级线程上运行。由于内核和用户级同时提供对多线程的支持，用户运行库调度用户线程映射到内核线程，核心调度内核线程执行，它同时具备了用户级和内核级多线程的优点。但同时，由于这两级的相互独立性会导致调度冲突，在一定程度上降低了系统的性能。

## 3.3 Windows 多线程编程基础知识

在 Windows 操作系统下，进程是不活泼的。进程从来不执行任何东西，它只是线程的容器。线程总是在某个进程环境中创建的，而且它的整个寿命期都在该进程中。这意味着线程在它的进程地址空间中执行代码，并且在进程的地址空间中对数据进行操作。因此，如果在单进程环境中，若两个或多个线程正在运行，那么这两个线程将共享单个地址空间。这些线程能够执行相同的代码，对相同的数据进行操作。这些线程还能共享内核对象句柄。

一个进程中的所有线程都在该进程的虚拟地址空间中，使用该进程的全局变量和系统资源。操作系统在单 CPU 单核情况下，以轮转方式向线程提供时间片（Quantum），操作系统给每个线程分配不同的 CPU 时间片，在某一个时刻，CPU 只执行一个时间片内的线程，多个时间片中的相应线程在 CPU 内轮流执行，由于每个时间片时间很短，所以对用户来说，仿佛各个线程在计算机中都是并行处理的。操作系统根据线程的优先级来安排 CPU 的时间，优先级高的线程优先运行，优先级低的线程则继续等待，这种模式称为并发模式。操作系统在多核以及多 CPU 情况下，多个线程将同步运行，即在单个时间片内将存在同时运行的多个线程，这种模式称为并行模式。

### 3.3.1 基础知识

在 Windows 操作系统的程序中，每个线程必须拥有一个入口函数，线程从这个进入点开始运行。前面已经介绍了主线程的入口函数，即 main、wmain、WinMain 或 wWinMain。如果想要在进程中创建一个辅助线程，它必定也是个入口函数，即线程的功能实体，如下面的代码段所示：

```
DWORD WINAPI ThreadFunc(PVOID pParam)
{
    DWORD dwResult = 0;
    …
    return(dwResult);
}
```

线程函数可以执行所设计的任何任务。在线程执行过程中，线程函数到达它的结尾处并且返回。这时，线程终止运行，该堆栈的内存被释放，同时，线程的内核对象的使用计数递减。如果使用计数降为 0，线程的内核对象就被撤销。

在拥有了辅助线程函数后，可以利用主线程，通过 CreateThread 函数来创建所需要运行的副主线程。

CreateThread 函数的结构如下：

HANDLE CreateThread(
    LPSECURITY_ATTRIBUTES lpThreadAttributes,
    DWORD dwStackSize,
    LPTHREAD_START_ROUTINE lpStartAddress,
    LPVOID lpParameter,
    DWORD dwCreationFlags,
    LPDWORD LpThreadID);

CreateThread 函数中的参数说明如下。

① lpThreadAttributes：一个 LPSECURITY_ATTIBUTES 结构的安全属性指针，该结构指定了要创建的线程的安全属性，默认值为 NULL。

② dwStackSize：线程堆栈的大小，系统缺省设置为 0。

③ lpStartAddress：线程函数的入口地址，即是一个函数指针。

④ lpParameter：传递给线程的参数指针。

⑤ dwCreationFlags：线程创建的控制信息，当值为 0 时，线程创建后立即执行，当参数为 CREATE_SUSPENDED 时，线程创建后将挂起，直至手动恢复才会执行。

⑥ lpThreadId：新线程的 ID 号将会传到这里。

⑦ 返回值：如果 CreateThread（）创建成功，将传回一个 HANDLE，表示新线程，否则返回 NULL；如果失败，则可以通过调用 GetLastError（）来获取失败原因。

当 CreateThread 函数被调用时，系统创建一个线程内核对象。该线程内核对象不是线程本身，而是操作系统用来管理线程的较小的数据结构。可以将线程内核对象视为由关于线程的统计信息组成的一个小型数据结构。这与进程和进程内核对象之间的关系是相同的。

系统从进程地址空间中分配内存，供线程的堆栈使用。新线程运行的进程环境与创建线程的环境相同。因此，新线程可以访问进程内核对象的所有句柄、进程中的所有内存以及在这个相同进程中的所有其他线程的堆栈。这使得单个进程中的多个线程非常容易地互相通信。

下面为一些 Win32 API 的其他线程函数。

（1）DWORD SuspendThread（HANDLE hThread）；

该函数用于挂起指定的线程，如果函数执行成功，则线程的执行被终止。参数 hThread 为已经创建的线程的句柄。

（2）DWORD ResumeThread（HANDLE hThread）；

该函数用于结束线程的挂起状态，执行线程。

（3）VOID ExitThread（DWORD dwExitCode）；

该函数用于线程终结自身的执行，主要在线程的执行函数中被调用。其中参数 dwExitCode 用来设置线程的退出码。

（4）BOOL TerminateThread（HANDLE hThread，DWORD dwExitCode）；

一般情况下，线程运行结束之后，线程函数正常返回，但是应用程序可以调用 TerminateThread 强行终止某一线程的执行。各参数含义如下：

① hThread：将被终结的线程的句柄；

② dwExitCode：用于指定线程的退出。

使用 TerminateThread() 终止某个线程的执行是不安全的，可能会引起系统不稳定；虽然该函数立即终止线程的执行，但并不释放线程所占用的资源。因此，一般不建议使用。

（5）BOOL PostThreadMessage（DWORD idThread,
　　　　　　　　UINT Msg,
　　　　　　　　WPARAM wParam,
　　　　　　　　LPARAM lParam）；

该函数将一条消息放入指定线程的消息队列中，且不等待消息被该线程处理完就返回。各参数含义如下：

① idThread：将接收消息的线程的 ID；
② Msg：指定用来发送的消息；
③ wParam：同消息有关的字参数；
④ lParam：同消息有关的长参数；

调用该函数时，如果即将接收消息的线程没有创建消息循环，则该函数执行失败。

### 3.3.2 例程

前面介绍了线程的基本概念和 Windows 下辅助线程的创建函数，下面我们将通过一些简单的程序实例来说明多线程编程的实现方法及应该注意的问题。

【例 3.1】 线程创建和运行，代码如下：

```
/*************************** 例 3.1 ***************************/
#include "stdio.h"
#include "windows.h"
DWORD WINAPI ThreadProc（PVOID pParam）//附加线程函数
{
    printf("hello thread\n");
    return 0;
}
int main(int argc, char* argv[])//进程的主线程入口点
{
    HANDLE hThread = CreateThread(NULL, 0, ThreadProc, NULL, 0, NULL);
    //附加线程的创建
    return 0;
}
/***************************************************************/
```

运行结果示例如下：

E:\hellothread
E:\hellothread
Hello thread
E:\hellothread
hello thread

在例 3.1 的简单代码中，我们可以完整地看到线程创建和运行的基本元素，包括进程主线程的入口点函数 main()、线程的函数体 ThreadProc() 以及线程的创建函数 CreateThread()。分析上述代码，其实现的功能很简单，就是让程序实现在主线程下的附加线程在屏幕输出"hello thread"。

程序编译运行后，能不能实现我们所希望的结果呢？通过运行程序可以看出，程序的运行结果是不固定的，有时候程序会输出"hello thread"，有时候却什么输出都没有程序就退出了，为什么会发生这样的问题呢？程序运行的时候到底发生了什么样的情况呢？

从代码中可以看出，在 CreateThread() 函数创建附加线程后，附加线程和主线程将同时运行，如果附加线程立即运行完毕，然后主线程才退出运行，那么将能够得到需要的运行结果，屏幕上将出现相应的打印输出。然而，当主线程先于附加线程完成退出，那么进程退出结束所有的附加线程，那么我们在屏幕上看不到任何输出，这就出现了所没有料到的结果。

如何避免上述问题的产生呢？为了避免主线程在附加线程运行完毕之前就退出，我们可以调用 WaitForSingleObject() 函数来强制主线程等待附加线程的退出。函数结构如下：

DWORD WaitForSingleObject(
    HANDLE hHandle,
    DWORD dwMilliseconds);

其中，hHandle：需要等待的线程的句柄；dwMilliseconds：需要等待的时间上限，单位为毫秒。

WaitForSingleObject() 调用后，只有满足两种情况，才会返回，这两种情况如下：

① 等待上限时间，即函数等待时间超过设定的时间上限 dwMiliseconds 时，函数将返回。因此也可以设定 dwMilliseconds 为 INFINITE，即无时间上限。函数在不满足第二种情况下将一直等待。

② 等待对象处于有信号状态，即线程句柄 hHandle 处于有信号状态。线程在执行过程中，它所对应的句柄会是无信号状态的，只有当线程运行完毕返回时，线程对象句柄才是有信号状态的。

因此，我们可以通过调用 WaitForSingleObject() 来实现我们需要的功能，修改后的代码如下：

/*********************** 例 3.1 修改后代码 ***********************/
```
#include "stdio.h"
#include "windows.h"

DWORD WINAPI ThreadProc(PVOID pParam)//附加线程函数
{
    printf("hello thread\n");
    return 0;
}
int main(int argc, char* argv[])//进程的主线程入口点
{
    HANDLE hThread = CreateThread(NULL, 0, ThreadProc, NULL, 0, NULL);
```

```
		//附加线程的创建
		WaitForSingleObject(hThread,INFINITE);//等待 hThread 有信号状态
		return 0;
}
```
/*****************************************************************/
运行结果示例如下:

E:\hellothread

hello thread

E:\hellothread

hello thread

E:\hellothread

hello thread

通过设定 INFINITE 无等待上限时间,来等待线程对象句柄的有信号状态,从而保证附加线程结束后主线程才能退出。同时,我们也要注意到,调用 WaitForSingleObject() 的线程将会被挂起,因此也不会浪费 CPU 的时间。

针对等待多个附加线程的情况,我们可以使用 WaitForMultipleObjects() 函数来实现,函数结构如下:

```
DWORD WaitForMultipleObjects (
        DWORD nCount,
        CONST HANDLE * lpHandles,
        BOOL fWaitALL,
        DWORD dwMilliseconds);
```

其中,各参数含义如下:

nCount:需要等待的线程对象的个数;

lpHandles:需要等待的线程的句柄数组指针;

fWaitAll:是否等待所有的对象句柄为有信号状态(TRUE),还是只等待任意一对象句柄有信号状态(FALSE);

dwMilliseconds:需要等待的时间上限,单位为 ms;

使用方法同 WaitForSingleObject() 类似。

【例 3.2】 多线程实现计算 e 和 π 的乘积。

e 和 π 的级数计算公式如下:

$$e = 1 + \frac{1}{1!} + \frac{1}{2!} + \frac{1}{3!} + \frac{1}{4!} + \frac{1}{5!} + \frac{1}{6!} + \cdots$$

$$\frac{\pi}{4} = 1 - \frac{1}{3} + \frac{1}{5} - \frac{1}{7} + \frac{1}{9} - \frac{1}{11} + \frac{1}{13!} - \cdots$$

多线程实现计算 e 和 π 的乘积的代码如下:

/************************* 例 3.2 代码 ****************************/
```
#include < stdio. h >
#include < windows. h >
```

```c
#define num_steps 2000000
//计算 e
DWORD WINAPI ThreadCalc_E (PVOID pParam)//计算 e 子函数
{
    double factorial = 1;
    int    i = 1;
    double e = 1;
    for( ;i < num_steps;i ++ )
    {
        factorial * = i;
        e + = 1.0/factorial;
    }
    *((double*)pParam) = e;
    printf("e done E = %2.5f\n",e);
    return 0;
}
//计算 pi
DWORD WINAPI ThreadCalc_PI( PVOID pParam) //计算 pi 子函数
{
    int    i = 0;
    double pi = 0;
    for ( ; i < num_steps* 10; i ++ ) {
        pi += 1.0/(i*4.0 + 1.0);
        pi -= 1.0/(i*4.0 + 3.0);
    }
    pi = pi * 4.0;
    *((double*)pParam) = pi;
    printf("pi done PI = %2.5f\n",pi);
    return 0;
}
int main(int argc, char* argv[])
{
    HANDLE hHandle_Calc[2];
    double result_e, result_pi;
    hHandle_Calc[0] = CreateThread(NULL, 0,
              ThreadCalc_E, (void*)(&result_e), 0, NULL);
    hHandle_Calc[1] = CreateThread(NULL, 0,
              ThreadCalc_PI, (void*)(&result_pi), 0, NULL);
    WaitForMultipleObjects(2,hHandle_Calc,TRUE,INFINITE);
```

```
            //等待计算子线程的结束
            printf("e*pi=%2.5f\n",result_e*result_pi);//打印输出 e*pi 结果
            return 0;
}
/******************************************************************/
运行结果示例如下：
e    done E = 2.71828
pi   done PI = 3.14159
e*pi = 8.53973
```

## 3.4 多线程的同步及其编程

在多线程程序中，在线程体内，如果该线程完全独立，与其他线程没有数据存取等资源操作上的冲突，则可按照通常单线程的方法进行编程。然而，在大多数情况下，程序中的所有线程都必须拥有对各种系统资源的访问权，这些资源包括内存堆栈、串口、文件、窗口和许多其他资源。如果一个线程需要独占对资源的访问权，那么其他线程就无法完成它们的工作。反过来说，也不能让任何一个线程在任何时间都能访问所有的资源。如果当一个线程从内存块中读取数据时，另一个线程却想要将数据写入同一个内存块，这时将会发生冲突，内存块中的数据将变得不可预知。那么，如何解决这种问题，防止冲突？如何让线程彼此互相合作，互不干扰呢？

这就需要线程的同步机制来对线程的执行顺序进行强行限制，控制线程执行的相对顺序。简单地说，同步机制就是用来进行线程间的通信，协调线程和管理共享资源数据的。因此，我们需要在下面两种情况中使用到线程的同步机制：

① 当有多个线程访问共享资源而不使资源被破坏时；

② 当一个线程需要将某个任务已经完成的情况通知另外一个或多个线程时。

对于同步的实现，尽管有多种方法可以选择，但开发人员通常使用的只有少数几种基本的方法。有时，所采用的同步方法在某种程度上也由程序设计的环境所决定，可以灵活选用，也可以组合选用同步类型。在 Win32 系统中，线程的同步机制主要有以下四种：

① 临界区（critical section）同步；

② 信号量（semaphore）同步；

③ 互斥量（mutex）同步；

④ 事件（event）同步。

### 3.4.1 临界区同步

临界区是指包含有共享资源的一段代码块，而且这些共享资源和多个线程之间都存在相关关系。临界区也称为同步块，每个临界区都有一个入口点和一个出口点。临界区同步的示意图如图 3.6 所示。

由图 3.6 可以看出，在进行临界区同步时，多个线程对临界区资源的访问只能有一个线程停留在临界区，此时其他线程将被挂起。

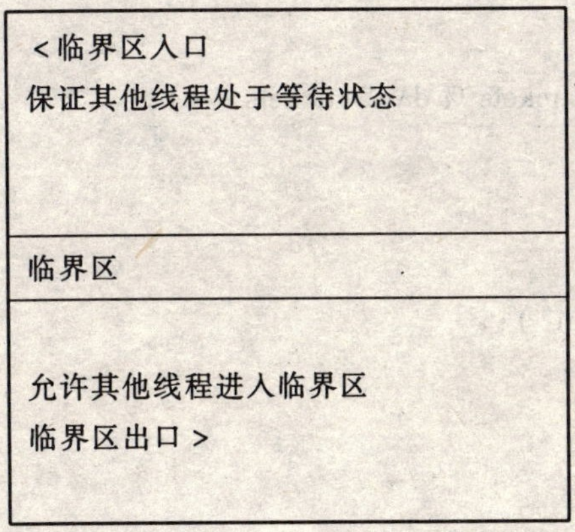

```
┌─────────────────────────────┐
│ <临界区入口                  │
│ 保证其他线程处于等待状态     │
│                             │
├─────────────────────────────┤
│ 临界区                      │
├─────────────────────────────┤
│ 允许其他线程进入临界区       │
│ 临界区出口>                  │
└─────────────────────────────┘
```

图 3.6　临界区的代码实现结构

我们下面通过简单的例子来看一看。

【例 3.3】　线程挂起示例，代码如下：

/****************************** 例 3.3 代码 ******************************/
```c
#include "stdio.h"
#include "windows.h"
int tickets = 30;
HANDLE g_event_finish;
DWORD WINAPI ThreadProc1(
  LPVOID lpParameter
)
{
  while(TRUE)
  {
    if(tickets > 0)
      printf("Thread 1 sell tickets %d\n", tickets--);
    else
      break;
  }
  printf("tickets sold out\n");
  SetEvent(g_event_finish);
  return 0;
}
DWORD WINAPI ThreadProc2(
  LPVOID lpParameter
)
{
  while(TRUE)
```

```
    {
        if( tickets > 0 )
            printf( "Thread 2 sell tickets % d\n" , tickets -- ) ;
        else
            break ;
    }
    printf( "tickets sold out\n" ) ;
    SetEvent( g_event_finish ) ;
    return 0 ;
}

int main( int argc , char*  argv[ ] )
{
    g_event_finish = CreateEvent( NULL , TRUE , FALSE , NULL ) ;
    HANDLE h1 = CreateThread( NULL , 0 , ThreadProc1 , 0 , 0 , NULL ) ;
    HANDLE h2 = CreateThread( NULL , 0 , ThreadProc2 , 0 , 0 , NULL ) ;

    WaitForSingleObject( g_event_finish , INFINITE ) ;
    return 0 ;
}
/**************************************************************/
```

运行结果示例如下：
Thread 1 sell tickets 30
Thread 1 sell tickets 29
Thread 1 sell tickets 28
Thread 1 sell tickets 28
Thread 2 sell tickets 27
Thread 1 sell tickets 26
Thread 2 sell tickets 25
Thread 1 sell tickets 24

在例 3.3 中，我们实现了多个线程对 int 型变量 Sum_ Result 的累加，也用到了前面介绍过的多线程等待函数 WaitForMultipleObjects( )，结果怎么样呢，屏幕会不会输出我们期待的结果呢？

对于以上的代码，编译连接程序是没有问题的，而且在执行过程中，大部分的情况下输出结果也是对的，但是，程序偶尔会输出错误的结果，为了体现这个问题，读者可以修改 tickets 为 1 000 或更大，你将发现程序结果出错的几率就更大了。

问题在哪里？从代码中我们看到，变量 tickets 就是程序中每一个线程的共享资源，在多线程的情况下，将发生多个线程同时写同一个资源的问题，结果将是不可预知的。现在我们用临界区同步的方法来解决这个问题。

Win32 系统下临界区同步的 API 如下：

定义 CRITICAL_SECTION 类型的对象 cs：
CRITICAL_SECTION cs；

初始化 CRITICAL_SECTION 类型的对象 cs：
VOID InitializeCriticalSection( LPCRITICAL_SECTION lpCriticalSection)；

释放 CRITICAL_SECTION 类型的对象：
VOID DeleteCriticalSection( LPCRITICAL_SECTION lpCriticalSection)；

进入临界区，允许锁定访问标志：
VOID EnterCriticalSection( LPCRITICAL_SECTION lpCriticalSection)；

退出临界区，解除锁定标志：
VOID LeaveCriticalSection( LPCRITICAL_SECTION lpCriticalSection)；

临界区程序设计的方法如下：

```
DWORD WINAPI ThreadProc ( PVOID pParam)
{
    EnterCriticalSection(&cs);//进入临界区,锁定共享资源
    //do something;//共享资源的操作
    LeaveCriticalSection(&cs);//退出临界区,释放锁定
}
```

应用上面的方法，修改后的代码如下：
/******************* 例3.3 使用临界区同步代码 *********************/
```
#include "stdio.h"
#include "windows.h"
CRITICAL_SECTION g_cs; //全局变量,临界区对象
int tickets = 30;
HANDLE g_event_finish;
DWORD WINAPI ThreadProc1(
    LPVOID lpParameter     // thread data
)
{
    while(TRUE)
    {
        EnterCriticalSection(&g_cs);//进入临界区,锁定共享资源
        if( tickets > 0)
            printf("Thread 1 sell tickets % d\n", tickets --);
        else
```

```c
      break;
    LeaveCriticalSection(&g_cs);  //退出临界区,释放锁定的资源
  }
  printf("tickets sold out\n");
  SetEvent(g_event_finish);
  return 0;
}
DWORD WINAPI ThreadProc2(
  LPVOID lpParameter    // thread data
)
{
  while(TRUE)
  {
    EnterCriticalSection(&g_cs);  //进入临界区,锁定共享资源
    if(tickets > 0)
      printf("Thread 2 sell tickets %d\n", tickets--);
    else
      break;
    LeaveCriticalSection(&g_cs);  //退出临界区,释放锁定的资源
  }
  printf("tickets sold out\n");
  SetEvent(g_event_finish);
  return 0;
}

int main(int argc, char* argv[])
{
  InitializeCriticalSection(&g_cs);  //初始化临界区对象
  g_event_finish = CreateEvent(NULL, TRUE, FALSE, NULL);
  HANDLE h1 = CreateThread(NULL, 0, ThreadProc1, 0, 0, NULL);
  HANDLE h2 = CreateThread(NULL, 0, ThreadProc2, 0, 0, NULL);

  WaitForSingleObject(g_event_finish, INFINITE);
  DeleteCriticalSection(&g_cs);  //释放临界区对象
  return 0;
}
/******************************************************************/
```

运行结果示例如下:
Thread 1 sell tickets 30
Thread 1 sell tickets 29

Thread 2 sell tickets 28
Thread 1 sell tickets 27
Thread 2 sell tickets 26
Thread 1 sell tickets 25
Thread 2 sell tickets 24
Thread 1 sell tickets 23
Thread 2 sell tickets 22
Thread 1 sell tickets 21

通过上例,可以看出,通过对临界区资源的保护,我们就可以避免多线程对共享资源的竞争,防止多个线程同时读写共享资源的冲突。

### 3.4.2 互斥量同步

Win32 的互斥量(Mutex)属于内核对象,它的用途和临界区的使用十分类似,同样在同一时间内只有唯一的一个线程能够访问共享资源。

下面简单介绍互斥量同步的相关函数。

(1) 创建互斥量

```
HANDLE CreateMutex(
    LPSECURITY_ATTRIBUTES lpMutexAttributes, // 安全属性结构指针
    BOOL bInitialOwner,  //是否占有该互斥量,TRUE:占有;FALSE:不占有
    LPCTSTR lpName      //信号量的名称
);
```

(2) 释放互斥量

```
BOOL WINAPI ReleaseMutex( HANDLE hMutex);
```

(3) 使用互斥编程的一般方法

```
void UpdateResource()
{
    WaitForSingleObject(hMutex,...);
    //do something...
    ReleaseMutex(hMutex);
}
```

【例3.4】 使用互斥示例,代码如下:

```
/********************* 例3.4 使用互斥量同步代码 *********************/
#include <windows.h>
#include <stdio.h>
#define WORK_THREAD_COUNT 10
HANDLE hMutex;

DWORD WINAPI ThreadProc( LPVOID )
{
    WaitForSingleObject(hMutex,INFINITE);//等待互斥量信号
    //保护区
```

```
        printf("Thread %d：获取互斥量……处理完毕\n");
        GetCurrentThreadId();
    Sleep(100);
    ReleaseSemaphore(hMutex,1,NULL);//释放互斥量
    return 0;
}
int main(int argc, _TCHAR* argv[])
{
    HANDLE hThread[WORK_THREAD_COUNT];
    DWORD ThreadID;
    hMutex = CreateMutex(NULL,FALSE,NULL);

    for(int i=0; i < WORK_THREAD_COUNT; i++)
    {
        hThread[i] = CreateThread(NULL,0,ThreadProc,NULL,0,
            &ThreadID);
    }
    WaitForMultipleObjects(WORK_THREAD_COUNT, hThread, TRUE, INFINITE);
    for(int i=0; i < WORK_THREAD_COUNT; i++)
    {
        CloseHandle(hThread[i]);
    }
    CloseHandle(hMutex);
    return 0;
}
/******************************************************************/
```

运行结果示例如下：

Thread 24224：获取互斥量……处理完毕
Thread 24232：获取互斥量……处理完毕
Thread 24228：获取互斥量……处理完毕
Thread 24240：获取互斥量……处理完毕
Thread 24248：获取互斥量……处理完毕
Thread 24236：获取互斥量……处理完毕
Thread 24244：获取互斥量……处理完毕
Thread 24256：获取互斥量……处理完毕
Thread 24252：获取互斥量……处理完毕
Thread 24260：获取互斥量……处理完毕

互斥（mutex）内核对象的用途虽与临界区类似，但也是有区别的。互斥对象属于内核对象，而临界区则属于用户方式对象，这导致 Mutex 与 Critical Section 有如下不同：

① 互斥对象的运行速度比关键代码段要慢；

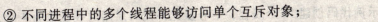

② 不同进程中的多个线程能够访问单个互斥对象；

③ 线程在等待访问资源时可以设定一个超时值。Mutex 对象的状态当它不被任何线程拥有时才有信号，而当它被拥有时则无信号。Mutex 对象很适合用来协调多个线程对共享资源的互斥访问。

### 3.4.3 信号量同步

信号对象是内核对象，它拥有一个计数器，可用来控制多个线程对共享资源进行访问，在创建对象时指定最大可同时访问的线程数。当一个线程申请访问成功后，信号对象中的计数器减1，调用 ReleaseSemaphore（）函数后，信号对象中的计数器加1。其中，计数器值大于或等于0，但小于或等于创建时指定的最大值。如果一个应用在创建一个信号对象时，将其计数器的初始值设为0，就阻塞了其他线程，保护了资源。等初始化完成后，调用 ReleaseSemaphore 函数将其计数器的值增加至最大值，则可进行正常的存取访问。

下面简单介绍互斥量同步的相关函数。

创建信号对象：
HANDLE CreateSemaphore（
  PSECURITY_ATTRIBUTE psa,//安全属性
  LONG lInitialCount,//初值,开始时可供使用的资源数
  LONG lMaximumCount,//最大资源数
  PCTSTR pszName    //Seaphone 名称(字符串)
);

当信号量存在时，打开一个信号对象：
HANDLE OpenSemaphore（
  DWORD fdwAccess,
  BOOL bInherithandle,
  PCTSTR pszName
);

共享资源访问完成后，释放对信号对象的占用：
BOOL WINAPI ReleaseSemaphore(
  HANDLE hSemaphore,
  LONG lReleaseCount,//信号量的当前资源数增加 lReleaseCount
  LPLONG lpPreviousCount
);

信号量的特点和用途可用下列几句话定义：

① 如果当前资源的数量大于0，则信号量有效；

② 如果当前资源数量是0，则信号量无效；

③ 系统决不允许当前资源的数量为负值；

④ 当前资源数量决不能大于最大资源数量。

**【例 3.5】** 下面的示例代码创建 12 个线程,信号量允许同时启用的线程数为 4 个,在输出结果时我们可以看到,屏幕将每 4 个一组输出后延时,再处理其他的线程。

```c
/********************* 例 3.5 使用信号量同步代码 *********************/
#include <windows.h>
#include <stdio.h>
#define MAX_SEM_COUNT 4
#define WORK_THREAD_COUNT 12
HANDLE hSemaphore;
DWORD WINAPI ThreadProc( LPVOID )
{
  WaitForSingleObject(hSemaphore,INFINITE);//等待 Semaphore 信号量 >0
  //保护区
  printf("Thread %d:获取信号量……处理完毕\n");
  GetCurrentThreadId();
  Sleep(1000);
  ReleaseSemaphore(hSemaphore,1,NULL);//释放信号量,信号对象计数器加 1
  return 0;
}
void main()
{
  HANDLE hThread[WORK_THREAD_COUNT];
  DWORD ThreadID;

  hSemaphore = CreateSemaphore(NULL,MAX_SEM_COUNT, MAX_SEM_COUNT, NULL);
  //创建信号量
  for(int i =0; i < WORK_THREAD_COUNT; i ++ )
  {
    hThread[i] = CreateThread(NULL,0,ThreadProc,NULL,0,&ThreadID);
  }
  WaitForMultipleObjects(WORK_THREAD_COUNT,hThread,TRUE,INFINITE);
  for(int i =0; i < WORK_THREAD_COUNT; i ++ )
  {
    CloseHandle(hThread[i]);
  }
  CloseHandle(hSemaphore);
}
/****************************************************************/
```

运行结果示例如下:
Thread 3424:获取信号量……处理完毕
Thread 2472:获取信号量……处理完毕

Thread 3612：获取信号量……处理完毕
Thread 2412：获取信号量……处理完毕
Thread 2412：获取信号量……处理完毕
Thread 1544：获取信号量……处理完毕
Thread 2412：获取信号量……处理完毕
Thread 1544：获取信号量……处理完毕
Thread 3040：获取信号量……处理完毕
Thread 3332：获取信号量……处理完毕

### 3.4.4 事件同步

事件对象（Event）是Win32下非常灵活的同步对象，也是Win32的核心对象，它包括有信号和无信号两种状态。在线程访问某一资源之前，需要等待某一事件的发生，这时用事件对象最合适。只有事件发生后，访问共享资源的权限才会放开。

事件对象的最大特点是：它完全是在你的控制之下的。不像互斥量和信号量，互斥量和信号量的状态都会因为WaitForSingleObject（）函数的调用而变化，而事件对象可以让你完全控制它的状态。

创建事件对象：

HANDLE CreateEvent( LPSECURITY_ATTRIBUTES lpEventAttributes，

　　　　　BOOL bManualReset，

　　　　　BOOL bInitialState，//初始状态

　　　　　LPCTSTR lpName //事件的名称

　　　　　);

参数说明：

① lpEventAttributes：SECURITY_ATTRIBUTES结构指针；

② bManualReset：手动(TRUE)自动设置(FALSE)。

事件对象创建函数中，如果第二个参数是手工重置事件（TRUE），那么WaitForSingleObject（）函数的调用不会影响它的状态，它将总是保持有信号状态，直到用ResetEvent函数重置成无信号的事件。如果是自动重置事件，那么它的状态在WaitForSingleObject（）函数调用后，会自动变为无信号状态。

打开事件对象：

HANDLE OpenEvent (

　　　　　DWORD dwDesiredAccess，

　　　　　BOOL bInheritHandle，

　　　　　LPCTSTR lpName

　　　　　);

BOOL SetEvent( HANDLE hEvent);

BOOL ResetEvent( HANDLE hEvent);

BOOL PulseEvent( HANDLE hEvent);

【例3.6】 使用事件对象进行手工设置线程的顺序。

```
/******************** 例3.6 使用事件同步代码 ************************/
#include <windows.h>
#include <stdio.h>
HANDLE hEvent;//事件对象
DWORD WINAPI Thread1( LPVOID )
{
    WaitForSingleObject(hEvent,INFINITE);//等待事件激活
    printf("Thread1 Working\n");
    return 0;
}
DWORD WINAPI Thread2( LPVOID )
{
    printf("激活 Thread1 \n");
    Sleep(500);
    SetEvent(hEvent);//激活事件对象
    return 0;
}

int main( int argc, _TCHAR * argv[ ] )
{
    HANDLE hThread[2];
    hEvent = CreateEvent( NULL,TRUE,FALSE,"TEST" );

    hThread[0] = CreateThread( NULL,0,Thread1,NULL,0,NULL);
    hThread[1] = CreateThread( NULL,0,Thread2,NULL,0,NULL);
    WaitForMultipleObjects(2,hThread,TRUE,INFINITE);
    CloseHandle(hEvent);
    return 0;
}
/******************************************************************/
```

运行结果示例如下：

激活 Thread1

Thread1 Working

由上例我们可以看出，Thread1 先于 Thread2 创建，但只有等到在 Thread2 中手动激活 Event 时间后，Tread1 才能够得到权限运行，即利用 Event 进行同步，我们可以完全控制线程的执行顺序。

## 3.4.5 死锁问题

在多线程编程的过程中，我们为了保护共享资源的安全设置了临界区，临界区对于多个

线程来说，是锁定访问的，当一个线程必须同时访问一个已经被另一个线程锁定的资源时，就出现了多线程编程的另外一个问题：死锁。假设有两个互斥量，两个线程都必须申请到两个互斥量时才能工作，当每个线程都各自加锁了一个互斥量而没有完成工作的时候，如果都试图访问另外一个已被加锁的互斥量，两个线程都将陷入阻塞状态，造成死锁的发生。

下面是一个死锁的例子。

【例 3.7】
/*************************** 例 3.7 代码 ***************************/
```
#include <windows.h>
#include <stdio.h>
CRITICAL_SECTION cs1, cs2;
DWORD WINAPI ThreadFn(PVOID pParam)
{
    while (TRUE)
    {
        EnterCriticalSection(&cs2);
        printf("\n 线程占用临界区");
        EnterCriticalSection(&cs1);
        printf("\n 线程占用临界区");
        printf("\n 线程占用两个临界区");
        LeaveCriticalSection(&cs1);
        LeaveCriticalSection(&cs2);
        printf("\n 线程释放两个临界区");
        Sleep(20);
    };
}
int main()
{
    DWORD iThreadID;
    InitializeCriticalSection(&cs1);
    InitializeCriticalSection(&cs2);
    CreateThread(NULL, 0, (LPTHREAD_START_ROUTINE)ThreadFn, NULL, 0, &iThreadID);
    while (TRUE)
    {
        EnterCriticalSection(&cs1);
        printf("\n 线程占用临界区");
        EnterCriticalSection(&cs2);
        printf("\n 线程占用临界区");
        printf("\n 线程占用两个临界区");
        LeaveCriticalSection(&cs2);
        LeaveCriticalSection(&cs1);
```

```
        printf("\n线程释放两个临界区");
        Sleep(20);
    };
    return (0);
}
```

/*********************************************************************/

运行结果示例如下：
线程1占用两个临界区
线程1释放两个临界区
线程2占用临界区1
线程2占用临界区2
线程2占用两个临界区
线程2释放两个临界区
线程2释放两个临界区
线程1占用临界区1
线程1占用临界区2
线程1占用两个临界区
线程1释放两个临界区

运行程序我们可以看出，当主附两个线程分别占用一个临界区时，将造成死锁。为了避免死锁，上面的线程函数可以作一些变动，使得线程分别占用的条件不会发生。

例3.7的线程函数可作如下变动，可不发生死锁：

```
DWORD WINAPI ThreadFn( PVOID pParam)
{
    while (TRUE)
    {
        EnterCriticalSection(&cs1);
        printf("\n线程占用临界区");
        EnterCriticalSection(&cs2);
        printf("\n线程占用临界区");
        printf("\n线程占用两个临界区");
        LeaveCriticalSection(&cs2);
        LeaveCriticalSection(&cs1);
        printf("\n线程释放两个临界区");
        Sleep(20);
    };
}
```

死锁发生的条件是多方面的，下面我们给出死锁出现的几个条件：
① 线程对资源的访问是独占的；
② 线程在已经占有一个资源时继续请求其他的资源；
③ 所有线程都不放弃已经占有的资源；

④ 线程对资源的请求形成一个环,其中每个资源都被一个线程所占有,而每个线程都在请求另一个线程所占有的资源。

避免死锁是多线程程序设计的挑战之一,应用程序必须避免任何可能产生死锁的情况发生。为防止死锁,通常的处理方法是:在碰到需要锁定多个资源的代码时,对这些资源一次性全部锁定。

## 本 章 小 结

本章首先介绍了多线程的概念、模型与层次,然后重点介绍了在 Windows 环境下,如何利用 Win32 API 来实现线程的创建和管理,并通过实例详细讲解了多线程同步的基本技术和方法。

# 第4章　OpenMP 多线程编程

OpenMP（open multi processing）标准（OpenMP standard）是一种共享存储体系结构上的编程模型，已应用到 Unix、Windows NT 等多种平台上。OpenMP 旨在提供一系列存储共享的体系结构和编程平台；建立简洁和高效的编程指导命令和并行编程方式；提供各类串行程序并行化的可行性方案；同时支持 Fortran（77、90 和 95）、C++ 以及编程语法和规范。

本章讲述基本 OpenMP 并行程序设计的知识，包括：OpenMP 简介、编译指导语句、运行库例程和环境变量等。

## 4.1　OpenMP 编程简介

### 4.1.1　OpenMP 及其特点简介

OpenMP 不是一种独立的并行的语言，而是建立在串行语言上的扩展，OpenMP 是为在多处理器上编写并行程序而设计的一个应用编程接口，可以在 C/C++ 和 Fortran 中应用，并以在串行编译器的注释形式出现。程序员通过这种简单的"开/关"语句，来控制 OpenMP 的执行与否。由于 OpenMP 是现有基本语言的扩展，而不是独立的并行语言，所以只需对现有编译器进行简单修改就可以支持。

OpenMP 是与多家计算机供应商联合开发、针对共享内存多处理器体系结构的可移植并行编程模型。其规范由"OpenMP 体系结构审核委员会"（简称 OpenMP ARB）创立并公布。OpenMP API 是 Solaris™ 操作系统平台上所有 Sun Studio 编译器的建议并行编程模型，是有关将传统 Fortran 和 C 并行化指令转换为 OpenMP 指令的指导。

OpenMP 的应用程序接口（API）是在共享存储体系结构上的一个编程模型，它包含编译指导（compiler directive）、运行函数库（runtime library）和环境变量（environment variables）。因此，OpenMP 是一个编译器指令和库函数的集合，这些编译器指令和库函数主要用于创建共享存储器计算机的并行程序。其语言模型基于以下假设：执行单元是共享一个地址空间的线程，即 OpenMP 是基于派生/连接（fork/join）的编程模型。一个 OpenMP 程序从单个线程开始执行，在程序的某些点需要并行执行时，程序派生出额外的线程，组成一个线程组。这些线程在一个称为并行区域的代码区中并行执行。线程到达并行区域的末尾时等待，直到整个线程组都到达，然后它们连接在一起，只有初始或者主线程继续执行直到下一个并行区域，或者程序结束。

OpenMP 具有两个特性：串行等价性和递增的并行性。当一个程序无论是使用一个线程运行还是使用多个线程运行，都产生相同的结果时，则该程序具有串行等价性。在大多数情形中，具有串行等价性的程序更易于维护和理解，也就更容易编写。递增的并行性是指一种并行的编程类型，其中一个程序从一个串行程序演化为一个并行程序。处理器从一个串行程序开始,一块接着一块地寻找并行执行的代码段。这样,并行性逐渐增添。此外,应注意OpenMP 不是建立在分布式存储系统上的,也不是在所有的环境下都一样,而且不能保证多数共享存储器均能有效利用。

## 4.1.2 OpenMP 发展历史

用于并行程序开发的编程模型主要分为两类:消息传递模型和共享内存模型。MPI(message passing interface)作为通用的消息传递编程标准,具有可移植、高效率等优点,但很难利用 MPI 编写并行程序,程序员必须显式地划分和分布计算任务,显式地进行消息传递与同步,且不易增量开发串行程序的并行性。

而 OpenMP 则是一种典型的共享存储体系结构编程模型。共享内存模型使程序员可以不必进行数据划分和分布,数据划分和分布通常是一件很困难的工作。最初的共享内存编程模型是 ANSI、X3H5,但其除了循环级并行外并不能很好地支持其他粗粒度并行。1997 年 10 月,HP、SUN、IBM 和 Intel 等联合开发和推行一种新的共享主存编程模型的建议标准 OpenMP,在语言层面添加并行指导命令,通过编译器产生所必需的代码,大大简化了所需的库调用。在随后的 5 年里,OpenMP ARB 陆续制定了面向 Fortran、C/C++ 的四个标准。OpenMP 和 SGI 公司开发的 Power C 及 Power Fortran 语言有直接关系,因此实际上 OpenMP 的基本形式已经在实际的并行程序开发中被使用了很长时间。OpenMP 实际上是对过去 20 年间共享存储体系结构上的并行计算经验的一次总结,并以标准的形式发表。经过几年的推广,它已经成为了事实上的关于共享存储并行计算的新的工业标准,在中小型的共享存储并行系统上得到了广泛的应用。由于结构上的特点和设计上的精心考虑,OpenMP 比其他程序模型要更适合于 SMP 系统,同时反映了目前对并行程序模型研究的一些新的观点。首先,它有更小的额外开销,OpenMP 基于多线程的运行模型,这从根本上减小了系统开销,而且更有利于充分利用存储器。其次,它总结了对并行程序模型研究的一些新的成果,更加便于手工并行化和编译器自动并行化,同时,也提供了较为充分的控制功能。再次,OpenMP 主要面向循环的并行性开发,它可以很容易地实现增量性的并行化。它还允许表达嵌套并行性,对某些应用,这种方式具有相当好的效果。因此,OpenMP 是 SMP 系统上一种高性能且相对比较简单的并行程序模型。它可以作为那些中等计算规模应用的并行程序模型。

OpenMP 的发展历史如下:

1994 年,第一个 ANSI X3H5 草案提出,被否决;

1997 年,OpenMP 标准规范代替原先被否决的 ANSI X3H5,被人们认可;

1997 年 10 月 OpenMP ARB 公布了与 Fortran 语言捆绑的第一个标准规范 Fortran version1.0;

1998 年 11 月 9 日 OpenMP ARB 公布了支持 C 和 C++ 的标准规范 C/C++ version1.0;

2000 年 11 月 OpenMP ARB 推出 Fortran version2.0;

2002 年 3 月 OpenMP ARB 推出 C/C++ version2.0;

2005 年 5 月 OpenMP V2.5 将原来的 Fortran 和 C/C++ 标准规范相结合。

相关的规范可在 http://www.openmp.org/drupal/node/view/8 下载。

然而,OpenMP 也面临着问题。首先是应用范围太窄,只适用于简单的 SMP 结构,即使是对 NUMA(nonuniform memory access)结构上的应用,也需要专门的优化。其次,OpenMP 主要开发循环级并行性,这受到循环本身表达形式的限制,对某些类型的应用并不适合。再次，编写 OpenMP 程序并不轻松，对它的正确性调试和性能调试都需要耗费大量的时间，需要对程序有深入的理解。在 OpenMP 中，任务之间的通信是通过共享的变量隐式地进行的，程序员更多的是指定程序中的并行性。由于 OpenMP 中需要控制对共享变量的访问次序，共享存储模型的程序中需要更多的同步操作，同时由于存储器系统层次的存在，要获得高性能的程序，仍然需要程序员进行大量的工作。最后，为了简单，OpenMP 并不支持复杂类型的程序结构的并行化，这也限制了它的使用范围。这说明，即使共享存储模型并行程序设计比分布存储系统简单，但在程序模型和体系结构之间，仍然有很大的差距。

## 4.2 OpenMP 编程基础

OpenMP API 规范（简称 OpenMP），是用户对共享内存编程模型最新要求的全面反映，可解决旧规范的局限性。OpenMP 是由世界上主要的计算机硬件和软件厂商提出的标准，是跨平台、可伸缩的模型，为并行程序的设计从桌面电脑到巨型机上进行开发提供了简单灵活的接口，在不降低性能的情况下，克服了机器专用编译指令所带来的移植性问题，得到了各界的认可和接受。自发布以来，得到工业界和学术界的大力推动，已经成为共享主存多处理机上并行编程的事实标准。

表 4.1 从可扩展性、可移植性、增量并行、支持 Fortran、数据并行、语言扩展以及性能优化等方面对 X3H5、MPI、Pthreads、HPF 和 OpenMP 等并行编程模式进行了比较。

表 4.1　　　　　　　　　　　　典型并行编程模式的比较

| | X3H5 | MPI | Pthreads | HPF | OpenMP |
|---|---|---|---|---|---|
| 可扩展性 | × | √ | 部分 | √ | √ |
| 可移植性 | √ | √ | √ | √ | √ |
| 增量并行 | √ | × | × | × | √ |
| 支持 Fortran | √ | √ | × | √ | √ |
| 语言扩展 | √ | × | × | √ | × |
| 数据并行 | √ | × | × | √ | √ |
| 性能优化 | × | √ | × | 试图 | √ |

总而言之，OpenMP 是共享内存结构下，基于编译指导命令的并行程序设计模式，其抽象程度高、可移植性好、支持并行的增量开发，将程序员从繁冗复杂的细节中解脱出来，使得并行编程变得简单、正确、高效。例如，通过在一个循环迭代算法上增加一个 OpenMP 编译指导命令，编译器生成的代码将能够并行地执行循环的每一层迭代。

### 4.2.1 OpenMP 体系结构

OpenMP 由指导命令、环境变量和运行库组成，如图 4.1 所示。

通过在串行程序里加入适当的指导命令和运行库函数，就可以把串行程序并行化，这

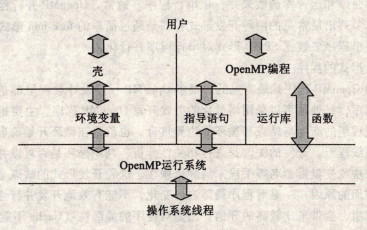

图 4.1 OpenMP 体系结构

种模式使得开发并行程序变得很容易。

### 4.2.2 fork-join 并行模型

OpenMP 是基于线程的并行编程模型,使用 fork-join 并行执行模型,程序开始串行执行,此时只有一个主线程,然后在遇到用户定义的并行区域时,创建出一组线程。在并行区域之内,多个线程可以执行相同的代码块,或使用工作共享结构体,并行执行不同的任务,如图 4.2 所示。

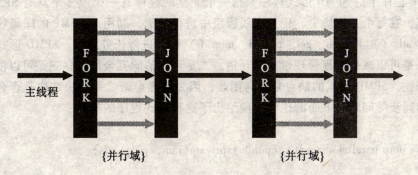

图 4.2 fork-join 并行机制

### 4.2.3 OpenMP 编程

有了前面的基础知识,接下来阐述 OpenMP 编程。OpenMP 有一套自己的编译指导语句,所以,要逐个讲解这些语句。需要注意的是,OpenMP 是基于共享存储的编程模型,因此,它必然有着符合自身体系结构特点的语句。另外,由于 OpenMP 可以嵌入到 C/C++ 或 Fortran 等语言中去,所以具体的 OpenMP 程序在不同的环境下会有一些不同。下面主要介绍基于 C/C++ 语言的 OpenMP 的编程。

OpenMP 是面向共享内存结构的标准,程序员在开发的过程中不用考虑数据分布,因而使用 OpenMP 开发并行程序比较容易。一般,OpenMP 程序从串行程序出发,通过在适当位置加入编译指导命令和运行库函数来并行化串行程序。通常，OpenMP 并行程序有几种不同的开发形式，本节列出最常见的两种开发形式：一是通过简单的 fork-join 形式对串行程序并行化；二是采用单程序多数据 SPMD 形式对串行程序并行化。

**1. fork-join 形式的程序**

这种形式的 OpenMP 程序是最常见的。很多 OpenMP 程序设计教程里都是采用这种形式来并行化串行程序，好处是可以采用增量化的方式开发 OpenMP 程序，主要是对相应的循环进行并行化，线程组的产生与结束和循环的边界重合，也就是在循环开始前启动线程组，在循环结束后销毁线程组。开发的关键是进行相关性分析，判断循环是否可以并行，对不能并行的循环进行分块或变量重命名等手段来消除依赖性。这种开发形式的缺点是性能不高，主要有以下几个方面的原因：一是对程序局部进行变化，不能有效地开发并行性；二是频繁地启动和销毁线程组，会带来比较高的开销；三是对程序的局部性（Cache 不能有效利用）开发不够，因为很多跨循环的优化无法实施。下面的代码片段给出了这种形式程序的样式：

```
…
#pragma omp parallel for
for( … )
{
    …
}
…
```

**2. SPMD 形式程序**

OpenMP 程序下的 SPMD 形式程序是指一个完整的程序有一个或多个具有 SPMD 特征的并行块组成，在每个并行块中，任务在线程组中进行分配。利用 OpenMP 的库函数 omp_ get_ num_ threads ( ) 和 omp_ get_ thread_ num ( ) 可以进行任务划分。SPMD 形式的优点主要包括：一是可以减少线程管理带来的开销；二是可以消除冗余同步；三是可以使程序拥有较好的局部性。SPMD 形式的缺点是编写困难，因为要考虑诸如并行块结构是否合适，是否存在冗余的同步等问题。下面的代码片段给出了这种形式程序的样式：

```
…
#pragma omp parallel shared(x,npoints) private(iam,np,ipoints)
{
    Iam = omp_get_thread_num( );
    No = omp_get_num_threads( );
    ipoints = npoint/np;
    subdomain( x,iam,ipoints );
}
…
```

一般来说，如果对程序的性能要求不高，可以采用 fork-join 形式，如果对程序性能有很高要求，则建议采用 SPMD 形式。

**3. OpenMP 程序结构**

基于 C/C++ 语言的 OpenMP 程序，通过 # pragma omp parallel 来完成代码块的并行运行，结构如下：

```
#include <omp.h>
main(){
    int var1, var2, var3;
    //串行代码
    ...
        //并行代码,fork 模型的一组线程
        //指定变量作用域
#pragma omp parallel private(var1, var2) shared(var3)
{
        //所有线程执行的并行代码段
        ...
}
        //所有的线程汇集到主线程
}
```

### 4.2.4 OpenMP 指令库

下面介绍 OpenMP 的基本指令和常用指令的用法。在 C/C++ 中，OpenMP 指令使用的格式为：

#pragma omp 指令 [子句[子句]…]

parallel for 就是一条指令，有些书中也将 OpenMP 的"指令"叫做"编译指导语句"，后面的子句是可选的。例如，#pragma omp parallel private(i, j) 中 parallel 就是指令，private 是子句。

为叙述方便，把包含#pragma 和 OpenMP 指令的一行叫做指导语句。

基本 OpenMP 的编译指导语句如下。

（1）parallel

用在一个代码段之前，表示这段代码将被多个线程并行执行，对于 parallel 指导命令包含的代码段，线程组中所有的线程都要执行。

（2）for

用于 for 循环之前，将循环分配到多个线程中并行执行，必须保证每次循环之间无相关性。指导命令包含的代码段，可能只有部分线程执行，右侧的方向线表示有的线程没有执行这段代码，左侧的方向线刻画出循环的特点，执行完一次迭代后，如果还有任务，从循环开始处执行下一次迭代。

（3）parallel for

parallel 和 for 语句的结合，是用在一个 for 循环之前，表示 for 循环的代码将被多个线程并行执行。

（4）sections

用在可能会被并行执行的代码段之前，sections 指导命令包含一些 section，根据 section 的数量和线程的数量不同（也和编译器分配任务的方式有关），可能有时一个线程执行多个

section；也可能有的线程没有执行任何 section，右边的方向线即标识出后面这种情况。

（5）parallel sections

是 parallel 和 sections 两个语句的结合。

（6）critical

用在一段代码临界区之前，critical 指导命令包含的代码段称为临界段，同时只能有一个线程访问。

（7）single

single 指导命令所包含的代码段只由一个线程执行，别的线程跳过这段代码，如果 single 指导命令有 nowait 从句，则别的线程直接向下执行，不在隐式同步点等待；如果没有 nowait 从句，则所有线程在 single 指导命令结束处隐式同步点同步。single 指导命令用在一段只被单个线程执行的代码段之前，表示后面的代码段将被单线程执行。

（8）barrier

用于并行区内代码的线程同步，只有所有线程都执行到 barrier 时才能继续往下执行。barrier 指导命令表示所有线程在此处同步，然后再执行接下来的语句，barrier 指导命令没有包含代码段。

（9）flush

flush 指导命令后面加上需刷新的共享变量（若不带任何变量），这时会刷新所有共享变量。

（10）atomic

用于指定一块内存区域被自动更新。

（11）master

用于指定一段代码块由主线程执行。master 指导命令和 single 指导命令类似，区别在于，master 指导命令包含的代码段由主线程执行，而 single 指导命令包含的代码段可以由任一线程执行，并且 master 指导命令在结束处没有隐式同步，也不能指定 nowait 从句。

（12）ordered

用于指定并行区域的循环按顺序执行，ordered 指导命令表示循环的迭代次序和串行程序一样。

（13）threadprivate

用于指定一个变量是线程私有的。

OpenMP 除上述指令外，还有一些库函数，下面列出几个常用的库函数：

omp_get_num_procs　返回运行本线程的多处理机的处理器个数；

omp_get_num_threads　返回当前并行区域中的活动线程个数；

omp_get_thread_num　返回线程号；

omp_set_num_threads　设置并行执行代码时的线程个数；

omp_init_lock　初始化一个简单锁；

omp_set_lock　上锁操作；

omp_unset_lock　解锁操作，要和 omp_set_lock 函数配对使用；

omp_destroy_lock　omp_init_lock 函数的配对操作函数，关闭一个锁。

OpenMP 部分典型指导语句如图 4.3 所示。

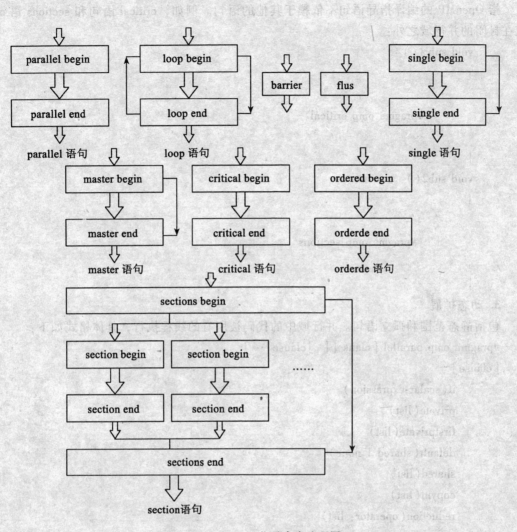

图 4.3　OpenMP 指导命令流程图

### 4.2.5　指导语句作用域

**1. 静态扩展**

指文本代码在一个编译指导语句之后，被封装到一个结构块中。例如，for 语句出现在一个封闭的并行域中：

```
#pragma omp parallel
{
    …
    for(…){
        …
        sub1
    }
    sub2
}
```

## 2. 孤立语句

指 OpenMP 的编译指导语句不依赖于其他的语句。例如，critical 语句和 sections 语句出现在封闭的并行域之外：

```
void sub1( )
{
    …
        #pragma omp critical
        …
}
void sub2( )
{
    …
        #pragma omp sections
        …
}
```

## 3. 动态扩展

包括静态范围和孤立语句。并行域中的代码被所有的线程执行，具体格式如下：
#pragma omp parallel [clause[[,]clause]…]
[clause] =
    if(scalar-expression)
    private(list)
    firstprivate(list)
    default(shared | none)
    shared(list)
    copyin(list)
    reduction(operator：list)
    num_threads(integer-expression)

将它所包含的代码划分给线程组的各成员来执行，包括并行 for 循环、并行 sections 和串行部分，如图 4.4 所示。

### 4.2.6 主要编译指导语句

**1. for 编译指导语句**

指定紧随它的循环语句必须由线程组并行执行。语句格式如下：
#pragma omp for [clause[[,]clause]…]
[clause] =
    schedule(type [,chunk])
    ordered
    private (list)
    firstprivate (list)
    lastprivate (list)

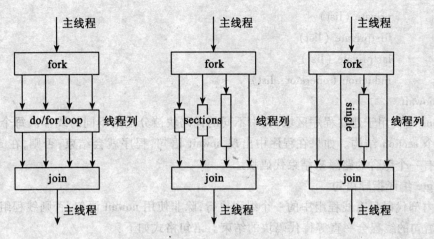

图 4.4 共享任务结构线程组

    shared (list)
    reduction (operator: list)
    nowait

  对于基于循环的并行算法的性能来说，关键是合理地将循环迭代调度到线程中，使线程中的负载平衡。OpenMP 编译器竭力做到这一点。尽管编译器在管理数据相关性方面很优秀，并且在普通优化方面很高效，但是在理解一个特定的算法的存储器访问模式和不同循环迭代执行时间的差别方面，它却无法胜任。为了获得最佳性能，程序员需要告诉编译器如何在线程间划分循环迭代。这可以通过使用 for 语句，把不同的代码映射到不同的线程中（工作分摊法），并添加一个 schedule 子句来完成。

  在程序中调度子句形式为：schedule (sched [, chunk])

  其中，如果没有指定 chunk 大小，迭代会尽可能地平均分配给每个线程。

  如果是 static 类型，所选择的块的大小将使得每个线程具有大小近似相等的块；

  如果是 dynamic 类型，循环被动态划分为大小为 chunk 的块，动态分配给线程；

  如果是 guidede 类型，是对动态调度的一种优化，以降低调度开销；

  如果是 runtime 类型，它实际的调度方法和循环迭代块的大小从环境变量 OMP_SCHEDULED 的值中获取。

### 2. sections 编译指导语句

  指定其内部的代码划分给线程组中的某个线程，不同的 section 由不同的线程执行。语句格式如下：

```
#pragma omp sections [ clause[[,]clause]…]
{
    [#pragma omp section]
    …
    [#pragma omp section]
    …
}
```

clause =
> private（list）
> firstprivate（list）
> lastprivate（list）
> reduction（operator：list）

nowait

sections 结构用于建立程序区域,其中不同的代码块被分配给不同的线程。每个代码块被定义成一个 section 结构。如果在程序中出现 nowait 语句,程序就会结束;否则,在 sections 语句结束处有一个隐含的路障来结束代码块。

### 3. single 编译指导语句

指定内部代码只有线程组中的一个线程执行,除非使用 nowait 语句,否则线程组中没有执行 single 语句的线程会一直等待代码块的结束。语句格式如下:

#pragma omp single ［clause［［，］clause］…］

clause =
> private(list)
> firstprivate(list)

nowait

### 4. parallel for 编译指导语句

表明一个并行域包含一个独立的 for 语句。语句格式如下:

#pragma omp parallel for ［clause…］

clause =
> if（scalar_logical_expression）
> default（shared ∣ none）
> schedule（type ［,chunk］）
> shared（list）
> private（list）
> firstprivate（list）
> lastprivate（list）
> reduction（operator：list）
> copyin（list）

### 5. parallel sections 编译指导语句

表明一个并行域包含单独一个 sections 语句。语句格式如下:

#pragma omp parallel sections ［clause…］

clause =
> default（shared ∣ none）
> shared（list）
> private（list）
> firstprivate（list）
> lastprivate（list）
> reduction（operator：list）

copyin（list）
ordered

**6. 同步结构指导语句**

（1）master 指导语句

指定代码段只有主线程执行。语句格式如下：

#pragma omp master

（2）critical 指导语句

表明域中的代码一次只能执行一个线程，其他线程被阻塞在临界区。语句格式如下：

#pragma omp critical [name]

其中，name 是一个标识符，可以用于支持临界区的不相交集合。临界区隐含了在临界区的入口和出口处对 flush 语句的调用（下面将会介绍）。

（3）barrier 指导语句

提供了一个同步点，线程将在该点处等待，直到线程组中的每一个成员到达该点之后，线程才能继续执行。语句格式如下：

#pragma omp barrier

（4）atomic 指导语句

对指定的存储单元更新。语句格式如下：

#pragma omp atomic

（5）flush 指导语句

定义了一个同步点。语句格式如下：

#pragma omp flush（list）

其中，list 是一个由分号隔离的列表，这些变量需要被 flush。如果该列表省略，则对调用线程可见的所有变量进行 flush。程序员很少需要调用 flush，因为它被自动地插入在大多数需要它的地方。通常，程序员仅需要构建它们自己的低级同步原语。flush 指导语句定义了一个同步点，在该点处强制存储器的一致性。现代的计算机能够将值存放在寄存器或缓冲区中，但这样在任何给定点不能保证与计算机存储器中的内容一致。一些 Cache 一致性协议保证了所有的处理器最终看到单个地址空间，但它们不保证存储器引用在每一点处被及时更新并保持一致。

（6）ordered 指导语句

指出了它所包含的循环语句的执行情况，任何时候只能有一个线程执行被 ordered 所限定部分，它只能出现在 for 或者 parallel for 语句的动态范围中。语句格式如下：

#pragma omp ordered

（7）threadprivate 编译指导语句

使一个全局文件作用域的变量在并行域内变成每个线程私有，每个线程对该变量复制一份私有拷贝。语句格式如下：

#pragma omp threadprivate（list）

**7. 数据域属性子句**

（1）private 子句

表示它列出的变量对于每个线程都是局部的。语句格式如下：

private（list）

（2）shared 子句

表示它所列出的变量被线程组中所有线程共享，所有线程都能对它进行读写访问。语句格式如下：

    shared（list）

（3）default 子句

让用户自行规定在一个并行域的静态范围中所定义的变量的缺省作用范围。语句格式如下：

    default（shared | none）

（4）firstprivate 子句

是 private 子句的超集，对变量做原始初始化。语句格式如下：

    firstprivate（list）

    int i,j;

  #program omp parallel for

    for( i = 0 ; i < 3 ; i ++ )

    for( j = 0 ; j < 3 ; j ++ )

    …

使用变量在主线程的值对其在每个线程的对应私有变量进行初始化。一般来说，临时私有变量的初值是未定义的，这样可以节省复制的开销。

（5）lastprivate 子句

是 private 子句的超集，将变量从最后的循环迭代代码段复制给原始的变量。语句格式如下：

    lastprivate（list）

可以将最后一次迭代/结构化块中计算出来的私有变量值复制出来，复制到主线程对应的变量中。一个变量可以同时用 firstprivate 和 lastprivate 来声明。

（6）copyin 子句

用来为线程组中所有线程的 threadprivate 变量赋相同的值，主线程中该变量的值作为初始赋值。语句格式如下：

    copyin（list）

（7）copyprivate 子句

使用一个私有变量将某个值从一个成员线程广播到执行并行的其他线程。copyprivate 子句可以关联 single 结构。在所有线程都离开该结构中的同步点之前，广播操作就已经完成。

（8）reduction 子句

当使用指定的操作对其列表中出现的变量进行规约以及初始化时，每个线程都保留一份私有拷贝在结构尾部，根据指定的操作对线程中的相应变量进行规约，并更新该变量的全局值。语句格式如下：

    reduction（operator : list）

**8. 语句绑定和嵌套规则**

（1）语句绑定

① 语句 do/for、sections、single、master 和 barrier 绑定到动态的封装 parallel 中，如果没有并行域执行，则这些语句是无效的；

② 语句 ordered 指令绑定到动态 do/for 封装中；

③ 语句 atomic 使得 atomic 语句在所有的线程中独立存取，而并不只是当前的线程；

④ 语句 critical 使得所有 critical 指令下线程的存取数据都是独立的，而不是只对当前的线程；在 parallel 封装外，一个语句并不绑定到其他的语句中。

（2）语句嵌套

① paralall 语句动态地嵌套到其他语句中，从而逻辑地建立了一个新队列，但这个队列若没有嵌套到并行域中执行，则只包含当前的线程；

② do/for、section 和 single 语句绑定到同一个 parallel 中，它们是不允许互相嵌套的；

③ do/for、section 和 single 语句不允许在动态扩展的 critical、ordered 和 master 域中；

④ critical 语句不允许互相嵌套；

⑤ barrier 语句不允许在动态扩展的 do/for、ordered、sections、single、master 和 critical 域中；

⑥ master 语句不允许在动态扩展的 do/for、sections 和 single 语句中；

⑦ ordered 语句不允许在动态扩展的 critical 域中；任何允许执行到 parallel 域中的指令，在并行域外执行也是合法的。当执行到用户指定的并行域外时，语句执行只与主线程有关。

**9. 运行函数库与环境变量**

（1）运行库例程

① openmp 标准定义了一个应用编程接口来调用库中的多种函数；

② 对于 C/C++，在程序开头需要引用文件"omp.h"。

（2）环境变量

① omp_schedule：只能用到 for, parallel for 中。它的值就是处理器中循环的次数；

② omp_num_threads：定义执行中最大的线程数；

③ omp_dynamic：通过设定变量值 true 或 false，来确定是否动态设定并行域执行的线程数；

④ omp_nested：确定是否可以并行嵌套。

（3）编写 OpenMP 程序注意事项

① OpenMP 程序设计模型提供了一种简单、可移植的方法，通过使用支持 OpenMP 的编译器并行化串行代码。

② OpenMP 包括一组编译指导、环境变量和运行时线程 API。

③ 环境变量和 API 的使用应该保守些，因为它们可能会对性能造成不利影响。编译指导是 OpenMP 的精髓所在。

④ 使用一组功能丰富的 OpenMP 编译指导，开发人员可以逐渐地并行化循环和直线代码块，而不需要重新构建应用程序。Intel 任务队列扩展使用 OpenMP 功能更强大，可以以多线程方式实现更多的应用程序。

⑤ 如果应用程序的性能在一个处理核或处理器上已经达到饱和，那么使用 OpenMP 令其以多线程执行几乎一定会提升其在多核或多处理器系统上的性能。

⑥ 开发人员可以很方便地使用编译指导和子句创建临界段、识别私有以及共享变量和复制变量的值，控制执行某段代码的线程个数。OpenMP 可以根据目标系统自动使用适当数量的线程。因此，只要有可能的话，应该考虑使用 OpenMP 来简化串行代码到并行代码的转换，并使代码更具有可移植性，更加易于维护。只有在无法使用 OpenMP 的情况下，才应该

考虑系统内嵌的或半内嵌的多线程机制。

## 4.3 OpenMP 编程实例及分析

### 4.3.1 OpenMP 编程环境变量

OpenMP 标准作为一个用以编写可移植的多线程应用程序的 API 库,规划于 1997 年。它一开始是一个基于 Fortran 的标准,但很快就支持 C 和 C++ 了。当前的版本是 OpenMP 2.0（最新版本已经是 2.5 版）,Visual C++ 2005 和 XBox360 平台都完全支持这一标准。

在开始编码之前,需要知道如何让编译器支持 OpenMP。Visual C++ 2005 提供了一个新的/openmp 开关来使能编译器支持 OpenMP 指令。可以通过项目属性页来使用 OpenMP 指令。点击配置属性页＞［C/C++］＞［语言］,选中［OpenMP 支持］。当/openmp 参数被设定,编译器将定义一个标识符_openmp,使得可以用#ifndef _openmp 来检测 OpenMP 是否可用。

OpenMP 通过导入 vcomp.lib 来连接应用程序,相应的运行时库是 vcomp.dll。Debug 版本导入的连接库和运行时库（分别为 vcompd.lib 和 vcompd.dll）有额外的错误消息,当发生异常操作时被发出以辅助调试。

由于 VC6.0 和 VC2003 没有/openmp 开关来使能编译器支持 OpenMP 指令,但是可以通过改用 Intel 编译器的方法,来使它支持 OpenMP 指令。必须保证先安装 VC6.0 和 VC2003,再安装 Intel 编译器,Intel 编译器在其官方网站上下载。

### 4.3.2 常用指导语句用法

**1. parallel 语句的用法**

parallel 用来构造一个并行块,也可以使用其他指令,如 for、sections 等,和它配合使用。在 C/C++ 中,parallel 的使用方法如下:

```
#pragma omp parallel [for | sections] [子句[子句]…]
{
        //代码
}
```

parallel 语句后面要跟一个大括号对将要并行执行的代码括起来。如下例:

```
void main(int argc, char * argv[]) {
#pragma omp parallel
        {
                printf("Hello, World! \n");
        }
}
```

执行以上代码将会打印出以下结果:

Hello, World!
Hello, World!
Hello, World!
Hello, World!

可以看出，parallel 语句中的代码被执行了 4 次，说明总共创建了 4 个线程去执行 parallel 语句中的代码。也可以指定使用多少个线程来执行，需要使用 num_threads 子句，如：

```
void main( int argc, char * argv[ ]) {
#pragma omp parallel num_threads(8)
{
    printf("Hello, World!, ThreadId = %d\n", omp_get_thread_num());
}
}
```

执行以上代码，将会打印出以下结果：

Hello, World!, ThreadId = 2
Hello, World!, ThreadId = 6
Hello, World!, ThreadId = 4
Hello, World!, ThreadId = 0
Hello, World!, ThreadId = 5
Hello, World!, ThreadId = 7
Hello, World!, ThreadId = 1
Hello, World!, ThreadId = 3

从 ThreadId 的不同可以看出，创建了 8 个线程来执行以上代码。所以，parallel 指令是用来为一段代码创建多个线程来执行它的。parallel 块中的每行代码都被多个线程重复执行。和传统的创建线程函数相比，相当于为一个线程入口函数重复调用创建线程函数来创建线程并等待线程执行完。

**2. for 语句的用法**

for 指令是用来将一个 for 循环分配到多个线程中执行。for 指令一般可以和 parallel 指令合起来形成 parallel for 指令使用，也可以单独用在 parallel 语句的并行块中。

```
#pragma omp [parallel] for [子句]
    for 循环语句
```

先看看单独使用 for 语句时是什么结果：

```
int j = 0;
#pragma omp for
for ( j = 0; j < 4; j++ ) {
    printf("j = %d, ThreadId = %d\n", j, omp_get_thread_num());
}
```

执行以上代码后打印出以下结果：

j = 0, ThreadId = 0
j = 1, ThreadId = 0
j = 2, ThreadId = 0
j = 3, ThreadId = 0

从结果可以看出，4 次循环都在一个线程里执行，可见 for 指令要和 parallel 指令结合起来使用才有效果。以下代码就是 parallel 和 for 一起结合成 parallel for 的形式使用的：

```
int j = 0;
#pragma omp parallel for
    for ( j=0; j < 4; j++ ){
        printf("j = %d, ThreadId = %d\n", j, omp_get_thread_num());
    }
```

执行后会打印出以下结果:

j = 0, ThreadId = 0
j = 2, ThreadId = 2
j = 1, ThreadId = 1
j = 3, ThreadId = 3

可见,循环被分配到 4 个不同的线程中执行。
上面这段代码也可以改写成以下形式:

```
int j = 0;
#pragma omp parallel
{
    #pragma omp for
        for ( j = 0; j < 4; j++ ){
            printf("j = %d, ThreadId = %d\n", j, omp_get_thread_num());
        }
}
```

执行以上代码会打印出以下结果:

j = 1, ThreadId = 1
j = 3, ThreadId = 3
j = 2, ThreadId = 2
j = 0, ThreadId = 0

在一个 parallel 块中,也可以有多个 for 语句,如:

```
int j;
#pragma omp parallel
{
    #pragma omp for
        for ( j = 0; j < 100; j++ ){
            ...
        }
    #pragma omp for
        for ( j = 0; j < 100; j++ ){
            ...
        }
}
```

## 3. sections 和 section 语句的用法

section 语句是在 sections 语句里，用来将 sections 语句里的代码划分成几个不同的段，每段都并行执行。用法如下：

```
#pragma omp [parallel] sections [子句]
{
    #pragma omp section
    {
        //代码
    }
}
```

先看一下以下的例子代码：

```
void main (int argc, char * argv)
{
    #pragma omp parallel sections {
    #pragma omp section
        printf (" section 1 ThreadId = %d\n", omp_get_thread_num ());
    #pragma omp section
        printf (" section 2 ThreadId = %d\n", omp_get_thread_num ());
    #pragma omp section
        printf (" section 3 ThreadId = %d\n", omp_get_thread_num ());
    #pragma omp section
        printf (" section 4 ThreadId = %d\n", omp_get_thread_num ());
    }
```

执行后将打印出以下结果：

```
section 1 ThreadId = 0
section 2 ThreadId = 2
section 4 ThreadId = 3
section 3 ThreadId = 1
```

从结果中可以发现，第 4 段代码执行比第 3 段代码早，说明各个 section 里的代码都是并行执行的，并且各个 section 被分配到不同的线程执行。使用 section 语句时，需要注意的是，这种方式需要保证各个 section 里的代码执行时间相差不大，否则某个 section 执行时间比其他 section 过长就达不到并行执行的效果了。上面的代码也可以改写成以下形式：

```
void main(int argc, char * argv)
{
    #pragma omp parallel {
    #pragma omp sections
    {
    #pragma omp section
        printf(" section 1 ThreadId = %d\n", omp_get_thread_num());
    #pragma omp section
```

```
            printf("section 2 ThreadId  =  %d\n", omp_get_thread_num());
        }
    #pragma omp sections
        {
        #pragma omp section
            printf("section 3 ThreadId  =  %d\n", omp_get_thread_num());
        #pragma omp section
            printf("section 4 ThreadId  =  %d\n", omp_get_thread_num());
        }
    }
```

执行后将打印出以下结果：

section 1 ThreadId  =  0
section 2 ThreadId  =  3
section 3 ThreadId  =  3
section 4 ThreadId  =  1

这种方式和前面那种方式的区别是，两个 sections 语句是串行执行的，即第二个 sections 语句里的代码要等第一个 sections 语句里的代码执行完后才能执行。用 for 语句来分摊是由系统自动进行，只要每次循环间没有时间上的差距，那么分摊是很均匀的，使用 section 来划分线程是一种手工划分线程的方式，最终并行性的好坏得依赖于程序员。

**4. Threadprivate 语句用法**

threadprivate 子句用来指定全局的对象被各个线程各自复制了一个私有的拷贝，即各个线程具有各自私有的全局对象。

```
#include <omp.h>
int   a, b, i, tid;
float x;
#pragma omp threadprivate(a, x)
main() {
    // 关闭动态线程分配
    omp_set_dynamic(0);
    printf("1st Parallel Region:\n");
    #pragma omp parallel private(b,tid)
    {
        tid = omp_get_thread_num();
        a = tid;
        b = tid;
        x = 1.1 * tid +1.0;
        printf("Thread %d:   a,b,x = %d %d %f\n",tid,a,b,x);
    }  //end of parallel section
    printf("*********************************\n");
```

```
            printf("主线程中串行线程\n");
            printf(" ******************************** \n");

            printf("2nd Parallel Region:\n");
        #pragma omp parallel private(tid)
            {
                tid = omp_get_thread_num();
                printf("Thread %d: a,b,x = %d %d %f\n",tid,a,b,x);
            }   //end of parallel section
    }
```

执行后将打印出以下结果：

```
1st Parallel Region:
Thread 0:    a,b,x = 0 0 1.000000
Thread 2:    a,b,x = 2 2 3.200000
Thread 3:    a,b,x = 3 3 4.300000
Thread 1:    a,b,x = 1 1 2.100000
********************************
主线程中串行线程
********************************
2nd Parallel Region:
Thread 0:    a,b,x = 0 0 1.000000
Thread 3:    a,b,x = 3 0 4.300000
Thread 1:    a,b,x = 1 0 2.100000
Thread 2:    a,b,x = 2 0 3.200000
```

### 5. reduction 语句用法

reduction 子句主要用来对一个或多个参数条目指定一个操作符，每个线程将创建参数条目的一个私有拷贝，在区域的结束处，将用私有拷贝的值通过指定的运行符运算，原始的参数条目被运算结果的值更新。

```
#include <omp.h>
main() {
    int i, n, chunk;
    float a[100], b[100], result;
    // 变量初始化
    n = 100;
    chunk = 10;
    result = 0.0;
    for (i=0; i<n; i++)
    {
        a[i] = i*2.0;
```

```
        b[i] = i * 3.0;
    }
#pragma omp parallel for
    default(shared) private(i)
        schedule(static,chunk)
        reduction(+:result)
        for (i = 0; i < n; i++)
            result = result + (a[i] * b[i]);
        printf("Final result = %f\n",result);
}
```

运行结果为:

Final result = 1970100.000000

### 4.3.3 OpenMP 实例分析比较

利用 Taylor 级数计算 $e*\pi$。

分析: $e$ 可以表示为:

$$e = 1 + \frac{1}{1!} + \frac{1}{2!} + \frac{1}{3!} + \frac{1}{4!} + \frac{1}{5!} + \frac{1}{6!} + \cdots$$

$\pi$ 可以表示为:

$$\frac{\pi}{4} = 1 - \frac{1}{3} + \frac{1}{5} - \frac{1}{7} + \frac{1}{9} - \frac{1}{11} + \frac{1}{13} - \cdots$$

分别采用单线程和多线程并行执行,程序流程图分析如图 4.5 所示。

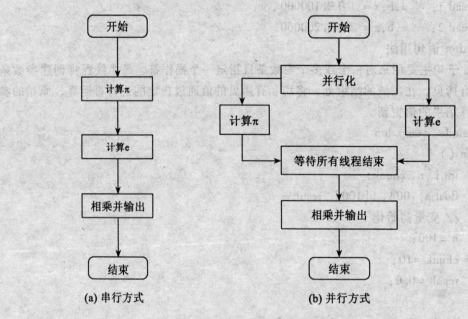

图 4.5 程序流程图

**【例 4.1】** 利用 Taylor 级数计算 e * π，采用串行方式编程。

```c
#include <stdio.h>
#include <time.h>
#define num_steps 20000000
int main(int argc, char *argv[])
{
    double start, stop; // 例程开始和结束时刻的计数器
    double e, pi, factorial, product;
    int i;
    // 启动定时器
    start = clock();
    // 首先运用 taylor 展开计算 e
    printf("e started\n");
    e = 1;
    factorial = 1;
    for (i = 1; i < num_steps; i++) {
        factorial *= i;
        e += 1.0/factorial;
    }
    printf("e done\n");
    // 然后计算 pi 运用 taylor 展开
    printf("pi started\n");
    pi = 0;
    for (i = 0; i < num_steps * 10; i++) {
        // 为了计算 1/1 - 1/3 + 1/5 - 1/7 等
        // 这里采用 4 的倍数(0, 4, 8, 12, …)，则由
        // 1/(0+1) = 1/1
        // -1/(0+3) = -1/3
        // 1/(4+1) = 1/5
        // -1/(4+3) = -1/7 依次类推
        pi += 1.0/(i*4.0 + 1.0);
        pi -= 1.0/(i*4.0 + 3.0);
    }
    pi = pi * 4.0;
    printf("pi done\n");
    product = e * pi;
    stop = clock();
    printf("Reached result %f in %.3f seconds\n", product,
        (stop-start)/1000);
    return 0;
}
```

以上代码为一般的串行程序，没有运用 OpenMP 技术，编译并运行有以下结果：

  e started

  e done

  pi started

  pi done

  Reached result 8.539734 in 12.562 seconds

如果我们打开任务管理器，则可以观察到图 4.6 中的现象。

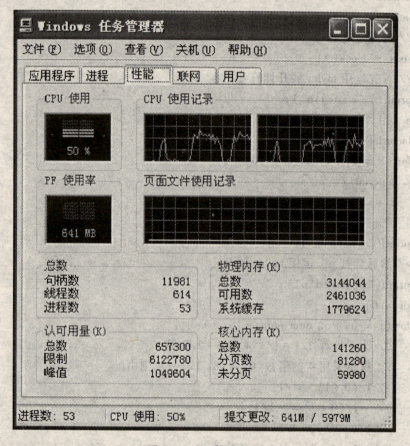

图 4.6　CPU 使用记录

  CPU 锁定在 50%，这是因为此程序在同一时刻只能运行在一个核上，有一半的性能没有利用起来。让我们利用 OpenMP 去发挥双核的性能，下面的代码采用了 OpenMP 技术。

  【例 4.2】　利用 Taylor 级数计算 e * π，采用 OpenMP 并行方式编程。

```
#include <stdio.h>
#include <time.h>

#define num_steps 20000000

int main(int argc, char * argv[])
```

```
}
    double start, stop;  // 任务开始 结束的时刻
    double e, pi, factorial, product;
    int i;
    // 启动定时器
    start = clock();
    // 启动两个进程 分别计算 e pi
#pragma omp parallel sections shared(e, pi)
    {
#pragma omp section
        {
            printf("e started\n");
            e = 1;
            factorial = 1;
            for (i = 1; i < num_steps; i++) {
                factorial *= i;
                e += 1.0/factorial;
            }
            printf("e done\n");
        } // 计算 e 的代码段

#pragma omp section
        {
            // 计算 pi 的线程
            printf("pi started\n");
            pi = 0;
            for (i = 0; i < num_steps * 10; i++) {
                pi += 1.0/(i*4.0 + 1.0);
                pi -= 1.0/(i*4.0 + 3.0);
            }
            pi = pi * 4.0;
            printf("pi done\n");
        } // 计算 pi 的代码段

    } // omp sections
    // 两个线程合并为主线程
    product = e * pi;
    stop = clock();
    printf("Reached result %f in %.3f seconds\n", product,
    (stop-start)/1000);
```

```
        return 0;
    }
```

e 和 π 的 Taylor 基数展开是独立的，因此可以并行化，这里我们使用了 omp parallel sections 指导语句来通知编译器执行并行化，这里定义了两个线程，由参数 num_ threads 确定。两个线程分别执行，当一个线程结束，会等待另一个线程。运行结果如下：

  e started
  pi started
  e done
  pi done
  Reached result 8.557557 in 9.219 seconds

从运行结果来看，并行计算节省了 27% 的时间。当使用了 OpenMP 并行化后，CPU 使用记录如图 4.7 所示，可见 CPU 使用率为 100%。

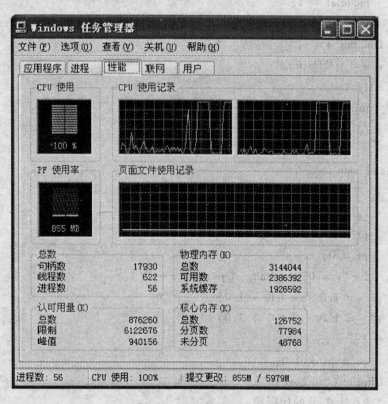

图 4.7   CPU 使用记录

## 本 章 小 结

本章介绍了 OpenMP 的概况和常用编程语句，并通过实例详细讲解了编写 OpenMP 程序所需的基本技术和方法。

# 第5章 多核程序调试与性能优化

当前,在基于多核处理器的系统中,依赖于多核处理器的并行处理能力,应用软件的运行速度可以大大加快。但是,单纯依靠多核处理器芯片的制造能力和技术来提高整个系统的性能还是非常有限,不足以体现多核处理功能和性能特点,还需要软件开发人员开发出能够支持多线程的软件,以发挥处理器的优势。

许多基于桌面部署的软件,要在多核环境中多线程情况下最优化地运行,必须依靠软件开发者对多核编程开发的了解,并辅以由芯片厂家提供的、针对多核硬件平台上进行多核软件开发相关的辅助软件工具,通过这些软件工具帮助软件开发人员快速、高效、低成本地实现从传统顺序的应用程序到并行的应用程序开发的角色转换。

以 Intel 公司为代表,其软件开发工具是一整套帮助开发人员在 Intel 多核体系架构上最大程度提升性能的软件开发工具,包括:Intel 编译器、VTune 可视化性能分析器、性能函数库、集群工具包、MPI 函数库、跟踪分析器与采集器等。

本章节主要介绍基于 Intel 多核处理器的系统进行应用程序开发的辅助软件工具。重点讲解使用这些工具进行 Windows 操作系统下多核应用程序调试,快速有效地改进和提升应用程序性能的基本方法。

## 5.1 Intel C++ 编译器

### 5.1.1 Intel C++ 编译器简介

Intel C++ 编译器用于在基于 Intel 架构的多核处理器平台上,针对采用 C 和 C++ 语言编写的应用程序代码进行编译、链接和优化,充分发挥 Intel 多核处理器(包括双核移动平台、桌面平台以及企业平台)的潜能,提高该应用程序的性能,并同其他广泛使用的编译器保持特性源与二进制方面的兼容性,其所支持的操作系统包括 Windows、Linux、Mac OS 和嵌入式操作系统。

Intel C++ 编译器的主要功能与特点如下:

① 支持 Intel 多核处理器以及现有的 Intel 处理器与体系结构;

② 与针对 IA-32 的 Microsoft Visual C++、Microsoft Visual C++ 6.0 代码以及 Microsoft Visual C++ .NET 保持跨体系结构的兼容性;

③ 针对最新的 Intel 处理器的先进优化功能可以帮助产生出众的应用程序性能;

④ 作为插件嵌入针对 IA-32 的 Microsoft Visual Studio 开发环境,并提供一个嵌入 Microsoft Visual .NET 环境的预览插件;

⑤ 在 IA-32 上使用 Intel C++ 编译器可以控制堆栈,以便高效率地执行浮点(FP)指令;

⑥ 对于包含许多常用中、小函数的程序,特别是循环内包含调用的程序,使用过程间

优化（IPO）可以极大地提高应用程序的性能；

⑦ 通过更有效地使用指令调度与高速缓存，能够充分利用处理器微体系结构的优势。通过减少指令缓存反复、重新组织代码布局、缩减代码长度并降低分支预测失误，档案导引优化（PGO）可以更好地执行分支预测；

⑧ 使用"编译器代码覆盖工具"可以提高开发效率、减少缺陷及改善应用程序的性能；

⑨ 支持采用处理器调度与第三代数据流单指令多数据扩展指令集（SIMD）的 IA-32 体系结构，支持 SSE、SSE2、SSE3 指令，能够使用自动矢量器对 IA-32 代码进行自动并行化处理，最大限度发挥处理器的潜在性能；

⑩ 支持 Intel 扩展内存 64 位技术（Intel EM64T）；

⑪ 通过执行断定的指令，从程序序列中完全删除分支，形成更大的基本代码块，从而消除相关的预测失误所带来的损失；

⑫ 使用分支指令、推测以及软件管道技术，改善针对 Intel Itanium Ⅱ 微体系结构的代码；

⑬ 产生符合 ANSI C/C++ 与 ISO C/C++ 标准的软件；

⑭ 支持 OpenMP API 与自动并行功能，提供多线程应用程序支持；

⑮ 提供安全功能，通过执行堆栈帧，在运行时错误检查，减少缓冲区溢出的安全攻击漏洞。

## 5.1.2　Intel C++ 编译器的调用

在 Windows 操作系统中，可以通过命令行方式或将 Intel C++ 编译器集成到 Microsoft Visual Studio 集成开发环境中，对应用程序代码进行编译、链接和自动优化处理。下文提到的详细具体的编译参数等，限于篇幅没有完全列示出，如有需要，请查阅相关的技术文档或手册。

**1. 命令行方式调用编译器 icl**

命令行编译器环境的启动：

开始 > 程序 > Intel(R) Software Development Tools > Intel(R) C++ Compiler… > C++ Build Environment…

编译命令如下：

　　icl [options…] inputfile(s) [/link link_options]

其中，编译选项如表 5.1 所示。

表 5.1　　　　　　　　　　　　　编译选项

| 内容 | 参数说明 | 举例 |
| --- | --- | --- |
| options | ① 编译参数是带斜线(/)前缀的由一个或多个大小写区分的字母和数字符号组合成的字符串<br>② 每个参数选项都需要用一个单斜线(/)来指定<br>③ "-"和"/"都是合法的参数指示符<br>④ 命令行中指定的参数将对所有的指定文件有效<br>⑤ 参数后面可以接文件名、字符串、字母或者数字形式的内容,字符串以空格作为结束符<br>⑥ 使用短横线(-)附加某些参数时,表示关闭该编译参数选项 | /QXP<br>/Qalias-args- |

续表

| 内容 | 参数说明 | 举例 |
| --- | --- | --- |
| inputfile(s) | 需要编译器编译处理的一个或多个输入文件,多个文件之间用空格分隔 | icl x.cpp<br>y.cpp |
| /link | 所有位于/link 之后的参数选项都将被作为链接参数处理,因而,其他的编译参数必须放在/link 之前 | /link<br>-nodefaultlib |

### 2. 命令行方式调用编译器 nmake

对多个文件或工程进行批量编译时,可以使用更方便的 nmake 编译方式,使用步骤如下:

① 启动 Intel C++ 命令行编译器环境:

开始 > 程序 > Intel(R) Software Development Tools > Intel(R) C++ Compiler... > C++ Build Environment...

② 假定对名为 your_project.mak 的工程进行编译,则使用 namek 编译命令如下:

prompt > nmake -f your_project.mak CPP = icl.exe LINK32 = xilink.exe

其中,namke 编译参数如表 5.2 所示。

表 5.2 namke 编译参数

| 内容 | 参数说明 |
| --- | --- |
| -f | nmake 参数,用于指定具体的 makefile 文件 |
| your_project.mak | 要产生目标对象和可执行文件的 Makefile 文件 |
| CPP | 用于指定使用的编译器的名称 |
| LINK32 | 用于指定使用的链接器的名称 |

### 3. Microsoft Visual Studio 集成开发环境中调用 Intel C++ 编译器

Intel C++ 编译器安装过程中,可选择 "Install Intel (R) C++ Compiler Intergration (s) in Microsoft Visual Studio" 选项,将 Intel C++ 编译器集成到 Microsoft Visual Studio 集成开发环境中。下面以 Microsoft Visual studio 2005(以下简称 VS 2005)为例,说明在 Microsoft Visual Studio 集成开发环境中调用 Intel C++ 编译器时的基本步骤。

① 创建或打开一个 Visual C++ 工程;

② 在 Solution Explorer 中选择①中所创建的工程项目,点击鼠标右键,在弹出菜单中选择 "Use Intel® C++";或者在 VS 2005 菜单中依次选择 Project > Use Intel® C++,即可从使用 Microsoft MS C++ 编译器转换成使用 Intel C++ 编译器,如图 5.1 所示;

③ 打开工程项目的 "Property pages",在 "Linker > Command Line > Additional Options" 域中输入编译参数,如/Qfast、/Qipo、/QxN、/Qipo 和/QaxT 等;

④ 重新编译该工程。

### 4. 主要编译优化功能

通过特殊的编译参数,可以实现对应用程序按照特定的功能要求指标进行性能优化,表 5.3 ~ 表 5.8 为 Windows 操作系统下,Intel C++ 编译器所提供的主要编译优化功能。

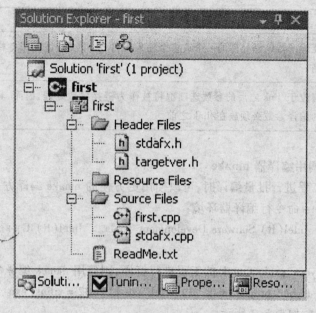

图 5.1　调用 Intel C++ 编译器编译工程项目

表 5.3　普通优化

| 编译参数 | 功能 |
| --- | --- |
| /Od | 禁止优化 |
| /Zi | 生成标记 |
| /O1 | 优化二进制代码 |
| /O2 | 优化速度（默认） |
| /O3 | 优化数据缓存 |

表 5.4　过程间优化

| 编译参数 | 功能 |
| --- | --- |
| /Qip | 优化编译单个文件 |
| /Qipo | 通过内联函数优化交叉编译多个文件 |

表 5.5　自动并行优化

| 编译参数 | 功能 |
| --- | --- |
| /Qparallel | 对某些代码做自动并行优化 |
| /Qpar_report［n］ | 记录优化过程，汇报结果 |

表5.6 基于 CPU 的矢量化优化

| 编译参数 | 功能 |
| --- | --- |
| /QxW | 为 Pentium Ⅳ 等支持 MMX、SSE 和 SSE2 指令的处理器做专门优化 |
| /Qxp<br>/QaxP | 为 Core 等支持 MMX、SSE、SSE2 和 SSE3 指令的处理器做专门优化 |

表5.7 OpenMP 优化

| 编译参数 | 功能 |
| --- | --- |
| /Qopenmp | 打开 OpenMP 优化功能 |
| /Qopenmp-report | 提供优化报告、错误 |

表5.8 支持 Intel 线程检查器的编译

| 编译参数 | 功能 |
| --- | --- |
| /Qtcheck | 支持线程检查器检测线程 |

## 5.1.3 使用 Intel C++ 编译器优化应用程序

下面将通过一个具体的实例,来说明如何使用 Intel C++ 编译器优化应用程序,以及编译器对应用程序性能的改进策略。请按照下文所述步骤,在 Visual Studio *.NET 中配置 Intel C++ Compiler(Icl)编译器环境,并分别使用 Microsoft MS C++ 编译器与 Intel C++ 编译器进行调试和编译,并进行程序性能比较与分析。请注意程序间的依存关系,两编译器差异比较明显。

在本实例中,程序的主要功能为:渲染一个采用 OpenGL 技术的 3D 贴图,并计算渲染所耗费的时间。在安装 Windows XP 操作系统的多核计算机平台上,分别使用 MS C++ 编译器和 Intel C++ 编译器 10.0 编译源程序代码,并运行生成的应用程序执行渲染操作,最后,对同一状态下的 3D 贴图进行渲染时,采用 Intel C++ 编译器优化编译后的应用程序渲染时间较采用 MS C++ 编译器编译后生成的应用程序所耗费的时间明显缩短,当选择某些编译参数进行编译后,应用程序的性能可能会有更大的提高。

⊙ 程序源代码及应用程序示例详见光盘路径:
\code\Compiler\raytrace2\source\RayTrace2\
具体操作步骤如下。

(1)配置 Intel C++ Compiler(icl)编译器环境设置(或 Visual Studio *.NET 环境)

启用 Intel C++ Compiler(icl)编译器命令行环境:

开始>程序>Intel(R)Software Development Tools>Intel(R) C++ Compiler>Build Environment for IA-32 Applications

在 Visual Studio *.NET 中启用 Intel C++ Compiler(icl)编译器环境:

Visual Studio *.NET > 项目属性 > 编译器与环境设置 > Intel C++ Compiler(icl.exe)

（2）MS C++编译器与 Intel C++编译器的性能比较

1）采用 MS C++编译器编译步骤。

① 进入命令行窗口：

开始 > 程序 > Microsoft Visual Studio 2005 > Visual Studio Tools
　　　　> Visual Studio 2005 Command Prompt

② 进入到测试代码目录中：

\code\Compiler\raytrace2\source\RayTrace2\

③ 清理以前生成的文件：

\code\Compiler\raytrace2\source\RayTrace2\ > nmake /f raytrace2. mak clean

④ 编译文件：

\code\Compiler\raytrace2\source\RayTrace2\ > nmake /f raytrace2. mak cpp = cl. exe

⑤ 运行渲染图像程序，并记录渲染所需时间：

\code\Compiler\raytrace2\source\RayTrace2\ > raytrace2 320 240

此时，在图形窗口按键盘上的方向键，可以设置 3D 图形的渲染角度；按"g"键开始渲染；按"q"键退出。

2）采用 Intel C++编译器编译步骤。

① 启用 Intel C++ Compiler(icl)编译器命令行环境；

② 进入到测试代码目录中：

\code\Compiler\raytrace2\source\RayTrace2\

③ 清理以前生成的文件：

\code\Compiler\raytrace2\source\RayTrace2\ > nmake /f raytrace2. mak clean

④ 编译文件：

\code\Compiler\raytrace2\source\RayTrace2\ > nmake /f raytrace2. mak

⑤ 运行渲染图像程序，并记录渲染所需时间：

\code\Compiler\raytrace2\source\RayTrace2\ > raytrace2 320 240

此时，在图形窗口按键盘上的方向键，可以设置 3D 图形的渲染角度；按"g"键开始渲染；按"q"键退出。

3）Intel C++编译器编译，并加入优化参数"-O3"。

① 清理以前生成的文件：

\code\Compiler\raytrace2\source\RayTrace2\ > nmake /f raytrace2. mak clean

② 编译文件：

\code\Compiler\raytrace2\source\RayTrace2\ > nmake /f raytrace2. mak CF = "-O3"

③ 运行渲染图像程序，并记录渲染所需时间：

\code\Compiler\raytrace2\source\RayTrace2\ > raytrace2 320 240

此时，在图形窗口按键盘上的方向键，可以设置 3D 图形的渲染角度；按"g"键开始渲染；按"q"键退出。

4）Intel C++编译器编译，并加入其他优化参数。

分别使用其他优化选项和综合使用各种优化选项（-O3、-QxP、IPO 和 PGO 等），记录渲染所需时间，简单分析一下各参数给程序带来的优化结果是否有利。

> nmake /f raytrace2. mak CF = "-O3"

> nmake /f raytrace2. mak CF = " -Qipo" LF = " -Qipo"（过程间优化）

> nmake /f raytrace2. mak CF = " -Qprof_gen -Qprof_dir .. \RayTrace2"
（编译产生档案导引优化二进制指令,因为要记录信息,将耗费大量时间）

> nmake /f raytrace2. mak CF = " -Qprof_use -Qprof_dir .. \RayTrace2"
（使用生成的档案导引优化信息编译,需之前已使用-Qprof_gen 参数）

> nmake /f raytrace2. mak CF = " -QxP"

## 5.2 Intel VTune 性能分析器

### 5.2.1 Intel VTune 性能分析器简介

Intel VTune 性能分析器即 Intel VTune Performance Analyzer,可以帮助程序员定位并定性分析程序中与性能有关方面的内容。

Intel VTune 性能分析器也可以在程序运行的系统平台上自动收集性能数据,并将所获得的性能数据在各个不同的层次,大到系统层,小到程序源代码级,甚至处理器指令集,进行不同粒度的交互式可视化,帮助查找可能的性能瓶颈,并提供可能的解决方案。

Intel VTune 既可以在本地,也可以远程收集性能数据,并在本地进行数据的处理、分析以及显示。既支持图形界面,又有灵活的命令行模式（支持脚本语言批处理）。

Intel VTune 的性能数据收集及优化分析无需对程序进行重新编译,支持包括 Microsoft Visual Studio. NET、Intel C/C++ 与 Fortran 编译器、Compaq Visual Fortran、JAVA、Borland 编译器（Delphi、C++ Builder）以及 IBM Visual Age。

Intel VTune 性能分析器的主要功能如下。

（1）低开销采样给系统性能评测提供依据

Intel VTune 性能分析器中的采样功能能够帮助开发者寻找程序中的热点区域——最耗时的模块、函数、代码或汇编指令,并提供当前操作系统中运行的应用程序的进程、线程、模块、函数以及代码等的各种视图,并在性能参数表格内将具体参数值列出来。

（2）提供源代码级的性能问题信息

在 Intel VTune 源代码视图和反汇编代码视图中确切地显示出哪些代码行最耗时、占用最多的 CPU 执行时间,等等。

（3）使用调用曲线图评测查找关键路径

调用曲线图,通过分析程序运行时函数的入口点和出发点,生成一张调用曲线图并且确定调用顺序和以图形方式显示关键路径,它还可以显示瓶颈的上下文。通过调用曲线图,开发人员不仅可以了解到应用程序将时间花费在何处,还可以了解应用程序是如何达到此处的,并可以查看哪些函数花费的处理时间或被堵塞的时间最长。

（4）使用计数器监视器确定系统问题

计数器监控器在运行时跟踪系统活动,确定是否会因为可用内存减少或文件输入输出性能的问题而导致应用程序速度变慢,使用计数器监视器可在运行时跟踪系统活动与资源消耗情况,从而有助于快速确定系统层面的性能问题。例如,它可以指示可用内存减少或同文件 I/O 相关的性能问题是否会降低应用程序的运行速度等。

（5）使用 Intel 调试助理查询专家知识库

Intel 调试助理可根据丰富的知识库分析性能问题,自动推荐代码改进的办法,进而可提高开发者的工作效率。

(6) 取样和分析

可以对基于 Intel PXA250、PXA255 与 PXA27x 嵌入式处理器系统上的应用程序进行取样和分析。

### 5.2.2 Intel VTune 性能分析器的使用

Intel VTune 性能分析器从使用功能上,可分为:采样、调试助手、计数器监视器和调用曲线图四大模块。下面将以 Windows 操作系统环境 Intel VTune 安装目录下的范例程序 VTuneDemo(X:\Intel\VTune\Examples\VTuneDemo\Release\VTuneDemo.exe,这里的 X 表示 Intel 工具软件的安装路径,默认安装时 X 为:C:\Program Files\)为具体的实例,讲解这几个主要功能模块的使用方法。

**1. 采样(Sampling)**

Sampling 通过统计的方法来找到 Hotspots,Sampling 收集器周期性的中断处理器以获取可执行的程序信息,采样主要有下列两种方式。

基于时间的采样(TBS),即由操作系统定时服务和每 $n$ 个处理器时钟点触发分析器按照周期性的时间间隔收集信息。如操作系统定时器、$N$($N>1$)个处理器时钟等。

基于事件的采样(EBS),即分析器按照特定处理器事件的触发收集信息,检测程序执行中处理器的内部事件(PMU,Performance Monitor Unit)发生次数(及样本)。如 L2 级缓存遗失、分支误预测、浮点指令过时(retired)等事件所触发。

下面介绍如何使用 VTune 对应用程序进行采样(Sampling)分析。

1) 启动 Intel VTune 性能分析器,启动界面如图 5.2 所示。

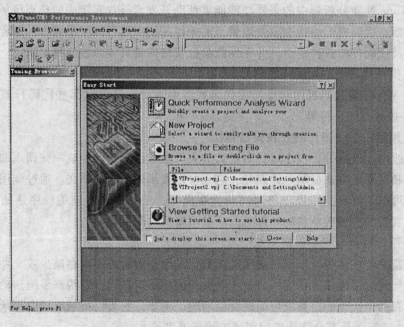

图 5.2 VTune 性能分析器启动界面

2)选择"New Project"按钮,建立新的工程,执行界面如图5.3所示。

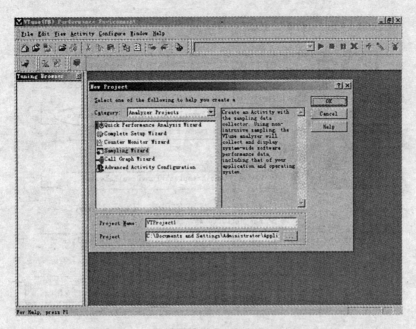

图5.3 VTune性能分析器功能选择界面

3)选择"Sampling Configuration Wizard"按钮,选择采样向导后,出现如图5.4所示采样向导界面。

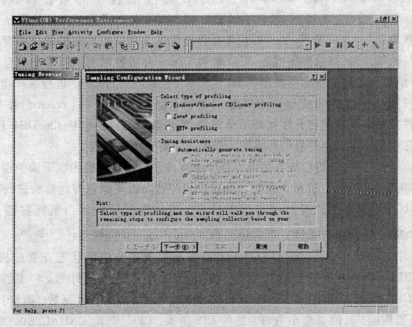

图5.4 采样向导界面

4)选择文件类型,在我们的系统环境下选择第一项"Window/Window CE/Linux Profiling",

出现如图5.5所示采样配置界面。

图5.5 采样配置界面

5）在"Application to"栏中（如图5.5圈中所标示）指定要分析的应用程序文件"VTuneDemo.exe"（以 X:\Intel\VTune\Examples\VTuneDemo\Release\VTuneDemo.exe 应用程序为例），在"Command line arguments"栏中设置应用程序的运行参数，这里程序"VTuneDemo.exe"没有运行参数，故该项设置为空，点击"Finish"按钮开始按默认配置进行基于事件（系统默认）的采样分析，采样时间依据计算机配置和应用程序的复杂程度的不同而可能各有差异，稍等片刻，待采样完成后，可以看到VTune分析器对当前系统中所有进程进行采样后的分析结果和按性能指标的排序视图（见图5.6），此时，"Process"进程采样功能按钮处于激活状态，视图区中以横向柱形图方式显示当前系统中所有进程（Process）按"Instructions Retired"事件发生的多少进行升序排序后的结果，当前触发事件还包括 Clocktick 和 CPI 性能，其中，视图区中用红色三角符号所标示的为当前选定要分析的进程。

如图5.6所示，对各进程按其他事件排序或重排序，可点击视图区下面的视图说明区中对应的事件前面的"sort"表格，此时，会在该事件前面出现绿色方向箭头进行标示；要在VTune 视图区中以表格形式显示采样数据信息，可在视图区中单击鼠标右键，依次选择 View As > Table；重新进行采样，可直接点击"Sampling"快捷键图标"▷"。

图5.6中，CPU_CLK_UNHALTED.CORE 表示处理器非停机状态花费的机器周期数；INST_RETIRED.ANY 表示退出的指令数，即指令的有效执行的计数。一般来说，CPI = CPU_CLK_UNHALTED.CORE / INST_RETIRE.ANY，表示一段代码（函数、模块）平均每条指令花费的机器周期，其值是愈小愈好。那些CPI值大，CPU_CLK_UNHALTED.CORE 值也大的函数，即通常所说的热点函数。

6）如图5.7所示，双击需要进行进一步分析的进程，或者单击选择需要进行进一步分析的进程，并点击VTune分析器中的"Thread"按钮，则"Thread"按钮处于激活状态，进

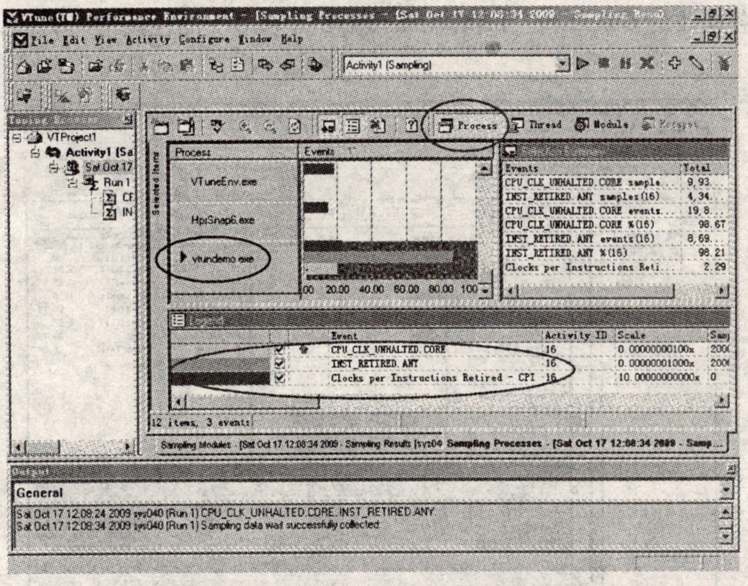

第 5 章 多核程序调试与性能优化

图 5.6 分析当前 CPU 中各进程执行情况

入到线程分析状态,从视图区可以看到步骤 5)中选定的进程中各个线程的运行情况,在视图区下面的视图说明区中,可以看到该进程中指定线程"thread 3"执行中 Clocktick、Instructions Reyired 和 CPI 的性能情况。

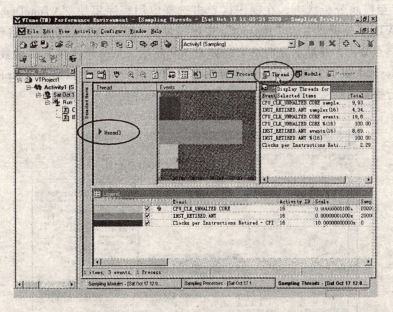

图 5.7 分析应用程序各线程性能指标

7)在线程分析状态,双击需要进行进一步分析的某个线程(例如,图 5.7 中的线程 thread 3),或者单击选择需要进行进一步分析的该线程,并点击 VTune 分析器中的"Module"按钮,则"Module"按钮处于激活状态(见图 5.8),进入到该线程的模块分析状态,从视图区可以看到步骤6）中选定的线程中各个系统模块的运行情况，如图5.8所示，在视图说明区中可以看到各模块的 Clocktick、Instructions Reyired 和 CPI 的性能情况。

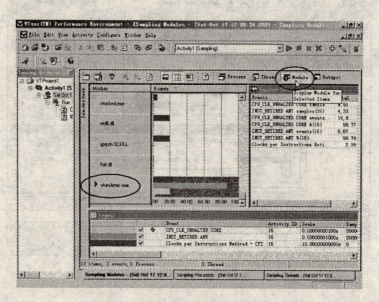

图5.8　分析当前线程中各模块执行情况

**2. 热点（Hotspot）问题分析及调优助手**

针对应用程序的采样结果（以 VTuneDemo.exe 为例，采样过程请参考前面讲述的相关内容），运行至模块分析状态，在视图区单击选择应用程序模块"VTuneDemo.exe"（见图5.8），点击 VTune 分析器中的"Hotspot"按钮（见图5.9），VTune 分析器将程序分割成若干部分进行热点分析，并显示分析结果，如图5.9所示，从分析出的具体函数的 Clocktick、Instructions Reyired 和 CPI 中可以找到该应用程序的热点。例如，以事件 Instructions Reyired 作为标准进行衡量，则"test_if 函数"（见图5.9）为程序的热点函数。

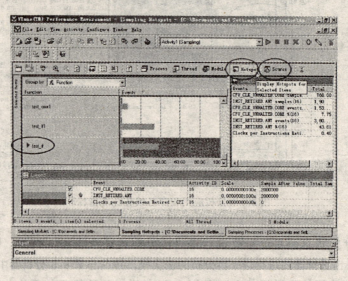

图5.9　对应用程序进行热点分析

此时，"Source"按钮变亮（只有在 Hotspot 状态下"Source"按钮才可操作），点击"Source"按钮可以对程序的具体源代码进行分析，分析结果如图 5.10 所示，跟踪到热点函数"test_if"源程序代码中，根据 VTune 提示的 Hotspot 部分的源代码，我们可以考虑对这部分代码进行改进，以此来提高应用程序的性能。

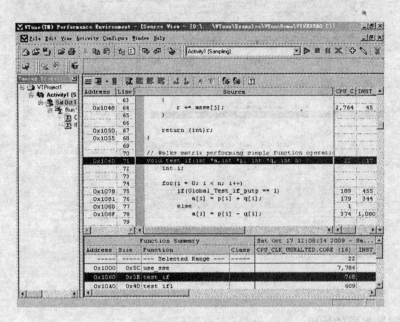

图 5.10　热点问题的源代码级分析

如果需要 VTune 提供关于优化的建议或解决参考方案，可以点击图 5.11 中左上角图标按钮，弹出调优助手设置窗口，如图 5.11 所示。点击"OK"按钮，我们在系统默认设

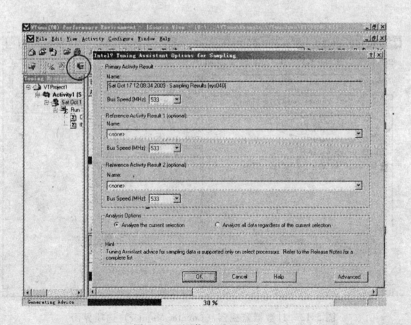

图 5.11　调优助手设置窗口

置下通过 VTune 调优助手对程序进行性能分析得到结果,其中,在 VTune 的界面右侧,可以看到"Intel Tuning Assistant"窗口对具体的代码提出了优化意见,如图 5.12 所示。

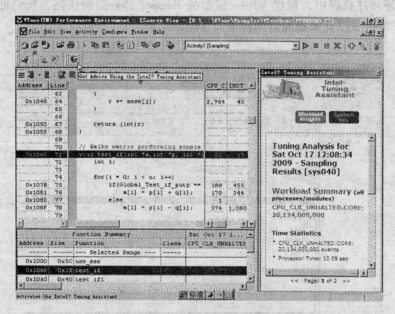

图 5.12　使用调优助手分析结果

**3. 计数器监视器的使用**

接下来,介绍如何根据占处理器时间找 Hotspot 的方式。

1)启动 Intel VTune 性能分析器,选择"New Project"按钮,建立新的工程,然后选择"Counter Monitor Wizard"选项,选择计数器监视器向导,如图 5.13 所示,选择"OK"按钮。

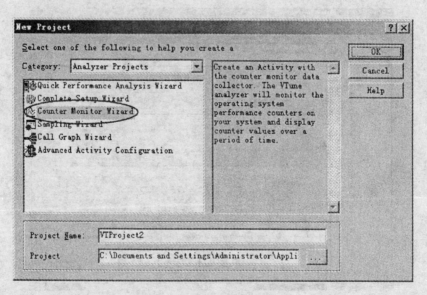

图 5.13　计数器监视器(Counter Monitor)选项界面

2) 在"Application To Launch"对话框中选择要分析的应用程序文件（以 D:\Intel\VTune\Examples\VTuneDemo\Release\VTuneDemo.exe 为例），如图 5.14 所示，选择"Finish"按钮。

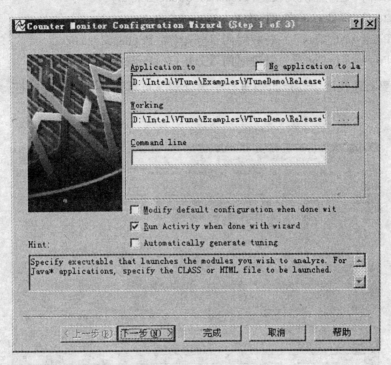

图 5.14 选择待分析应用程序

3) 计数器监视器开始对指定的应用程序进行实时监视，结果如图 5.15 所示。

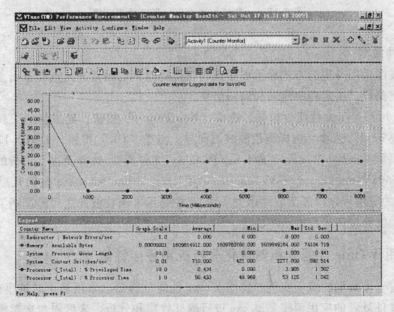

图 5.15 使用计数器监视器监视程序运行状态

其中，计数监控器名称分别为：

转发器(Redirector)：每秒网络错误(NetWork Errors/sec)；

内存(Memory)：可执行字节(Available Bytes)；

系统(System)：处理器队列长度(Processor Queue Length)；

系统(System)：每秒上下文切换次数(Context Switches/sec)；

处理器(Processor(_Total))：特权时间百分比(% Privileged Time)；

处理器(Processor(_Total))：处理时间百分比(% Processor Time)。

4）若需要对监视图中性能折线进行平滑处理，可单击图标工具按钮 来实现，如图5.16 所示。

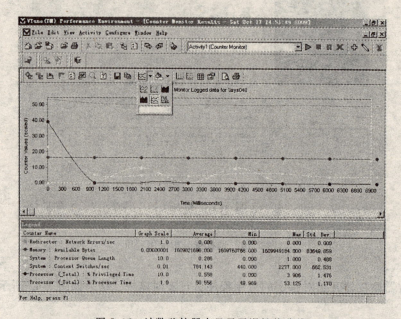

图 5.16　计数监控器中显示平滑性能曲线

**4. 调用曲线图**

调用曲线图采用寻迹的方式标示程序代码在运行时刻的函数进入点和退出点，并根据总时间找到关键路径、决定程序流向和调用结果。

1）启动 Intel VTune 性能分析器，选择"New Project"按钮，建立新的工程，然后选择"Call Graph Wizard"选项，选择调用曲线图向导，点选"OK"按钮，如图 5.17 所示。

2）再选择"Window/Window CE/Linux Profiling"文件类型，选择要进行分析的应用程序文件（以 D:\Intel\VTune\Examples\VTuneDemo\Release\VTuneDemo.exe 为例），就可以得到如图 5.18 所示的应用程序内部函数调用关系图，其中显示了函数彼此之间的调用关系以及关键路径，其中，关键路径用连线进行了标注。

### 5.2.3　利用 VTune 性能分析器优化分析应用程序性能

下面通过一个典型的应用实例：使用 VTune 性能分析器，采用基于时钟事件采样方式，对用于压缩文件处理的应用程序 gzip.exe 进行取样收集和分析，来巩固和掌握使用 VTune 性

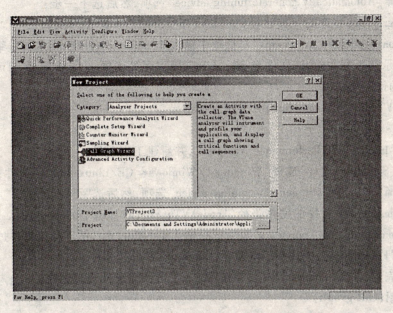

图 5.17 调用曲线图（Call Graph）选项界面

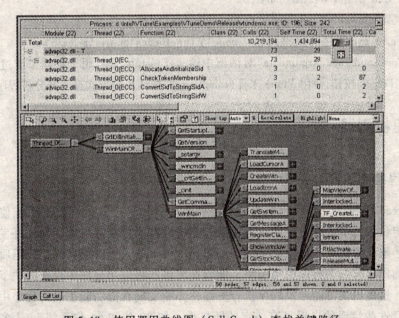

图 5.18 使用调用曲线图（Call Graph）查找关键路径

能分析器分析应用程序的性能指标，从而找到提高应用程序性能的基本方法。具体操作步骤如下。

⊙ 程序源代码及应用程序示例详见光盘路径：\code\VTuneBasics\

**1. 寻找热点区域**

① 关闭病毒扫描和监控程序；

② 运行"Intel VTune Performance Analyzer"，并新建工程项目；

③ 启动"Sampling"向导，选择"Windows*/Windows* CE/Linux Profile"文件；

④ 不选择"Automatically generate tuning advice"选项,然后选下一步;

⑤ 选择 gzip.exe 程序的完整路径(\code\VTuneBasics\gzip\Release\);

⑥ 在"Command Line Arguments"对话框中输入-f testfile.dat,用于指定待压缩文件,其中,testfile.dat 表示待压缩文件,该文件与 gzip.exe 应用程序处于同一目录下,我们可根据具体情况指定相应的待压缩文件;

⑦ 使用 VTune 采样(sampling)并分析采样结果。

**2. 采样(sampling)**

① 运行"Intel VTune Performance Analyzer",并新建工程项目;

② 启动"Sampling"向导,选择"Windows* /Windows* CE/Linux Profile"文件;

③ 不选择"Automatically generate tuning advice"选项,然后选"下一步";

④ 选择 matrix.exe 程序的完整路径(\code\VTuneBasics\gzip\Release\);

⑤ 在"Command Line Arguments"对话框中输入-f testfile.dat,用于存储采样过程信息;

⑥ 单击"Finish"按钮,使用 Vtune 采样(sampling)并分析程序;

⑦ 分析完毕,单击"Process"按钮;并按 Ctrl + A 组合键选择所有进程。

**3. 调用图(call graph)**

① 创建一个新的活动,单击"Activity > New Activity"选项;

② 双击"Call Graph Wizard"选项;

③ 选择"Windows* \Windows* CE\Linux Profile"文件;

④ 选择 gzip.exe 程序的完整路径(\code\VTuneBasics\matrix\release);

⑤ 在"Command Line Arguments"对话框中输入-f testfile.dat,用于存储采样过程信息;

⑥ 单击"Finish"按钮,使用 Vtune 采样(sampling)并按调用图方式显示并分析程序 gzip.exe。

## 5.3 线程检测器

### 5.3.1 线程检测器简介

Intel Thread Checker,即线程检查器,是一个基于 Intel 多核处理器的系统侦测和分析工具,可准确定位系统中难以发现的线程错误,能辅助减少多线程应用程序的开发时间,为运行瓶颈提供形象化的浏览,提供动态的、图形化的 Debugger,以提高线程代码质量。

线程检测器含有一个错误检测引擎,能够检测多线程应用程序中存在的关于线程互操作的编码错误,这些错误可能导致程序执行失败;亦能发现看似功能正确的程序中所隐藏的一些问题,而且这些错误的出现具有一定的随机性,如 32 位和 64 位系统 Intel 多核系统中应用软件的数据竞争和死锁等问题。线程检测器检测到可能发生的潜在错误后(如死锁和数据竞争),将这些错误映射至源代码行、调用堆栈以及内存引用之中,并显示重要的警告信息,突显潜在的严重错误,借助受支持的 Intel 编译器与源代码重构模式,跟踪错误至源代码中的具体变量,快速定位至源代码中发生争用的准确位置,根据这些信息辅助编程人员找到应用程序代码中的线程错误,对源代码实施更改后,可以重新运行 Intel 线程检查器来跟踪警告和信息提示。

线程检测器能识别的问题包括:数据竞争、死锁、停止线程、丢失信号以及废弃锁等,支持采用 OpenMP、POSIX、Windows API 开发的多线程应用程序的分析,在较高版本中还具备了 Windows 主机系统分析 Linux 系统中运行的线程代码的功能。

## 5.3.2 线程检测器的使用

使用线程检测器来诊断、分析和修正多线程应用程序的潜在问题，可按照以下 4 个步骤进行：

① 选择大小合适、有代表性的数据集和应用程序样本用于分析；

② 启用线程检测器，对选择的应用程序样本进行数据采样和分析；

③ 根据线程检测器的分析结果，跟踪、审查、分析和修正程序代码，解决潜在的线程问题；

④ 重新使用线程检测器再次对修改过的源代码进行采样分析，反复以上③、④步骤，完成对程序中线程问题的修正，直到使用线程检测器不再检测到线程问题为止。

具体操作步骤介绍如下。

**1. 建立新工程项目**

1) 启动 Intel 线程检测器或启动 Intel VTune 性能分析器（线程检测器已嵌入到 Intel VTune 性能分析器中），在 "File" 菜单中选择 "New Project"，建立一个新的采样项目，如图 5.19 所示。

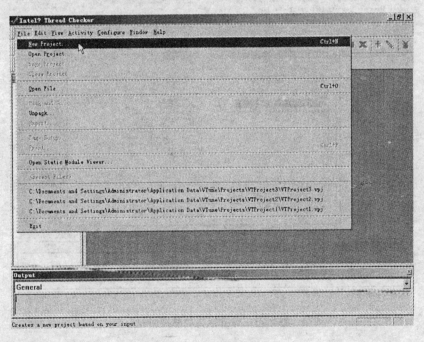

图 5.19 新建工程

2) 弹出 "New Project" 对话框，在 Category 下拉列表框里选择 "Threading Wizards"，如图 5.20 所示。

3) 在其下面的列表栏中选择 "Intel Thread Checker Wizard"（见图 5.21 中①），在 "Project Name" 栏中输入项目名称（见图 5.21 中②），在 "Project" 栏设置项目的保存位置和路径（见图 5.21 中③），然后点击 "OK" 按钮。

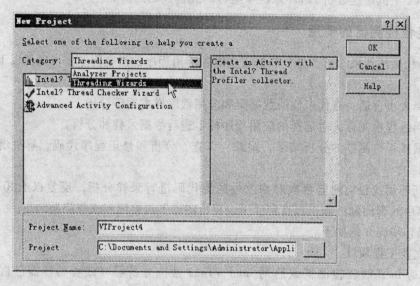

图5.20 选择线程分析工具

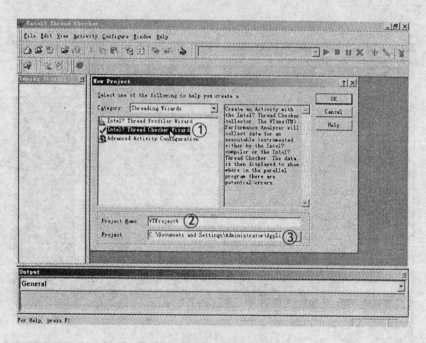

图5.21 设置线程检测器向导

4）在弹出的"Intel Thread Checker Wizard"对话框中，勾选"Lanch an application"选项，在其下的选择框中选择待分析的应用程序文件（见图5.22中①），应用程序文件设置好后，会在下面的"Working directory"中显示出当前应用程序文件所在的文件夹，若需要设置不同工作目录，我们也可以更改该目录位置（见图5.22中②）。在下面列出的"Command line arguments"中，可以列出程序的命令行、参数等（见图5.22中③）。点击"Finsh"按钮，一个新工程便创建完成。

# 第5章 多核程序调试与性能优化

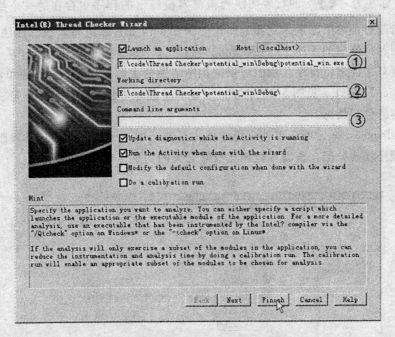

图 5.22 设置待分析的应用程序及参数信息

## 2. 线程分析

1) 建立好工程项目以后,检查器对待分析的应用程序进行数据采样和分析,完成后显示如图 5.23 所示的分析结果界面。

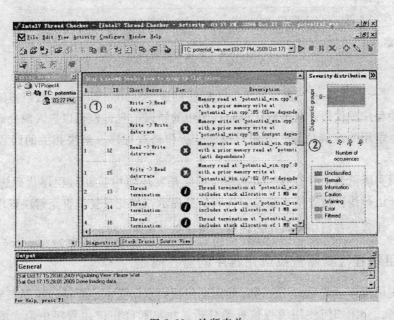

图 5.23 诊断表单

如图 5.23 中①,Diagnostics 诊断表单给出的是对应用程序诊断分析的结果,表单中

"Severity"栏标注为""的行表明线程检测器检测出的程序中存在的一个线程问题及说明,鼠标双击改行即可跟踪进入到源程序代码中相关位置直接进行修改;标注为" "的行为线程检测器检测出的程序中有关线程的状态信息,如线程的进入、退出等。检查器还按照其严重程度对错误进行排序,我们可根据排序结果分次解决问题,在该表单右侧的"Serverity distribution"窗口(见图 5.23 中②)中显示了程序中注释、信息、注意、警告、错误以及筛选内容的分布情况。

2)除了 Diagnostics 诊断表单外,检查器还提供一个"Stack Traces"堆栈跟踪窗口。从中可以发现程序堆栈分配,查看线程创建数等之类的信息,如图 5.24 所示。

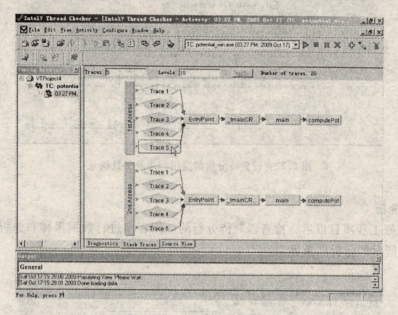

图 5.24　堆栈跟踪窗口

3)紧接"Stack Traces"窗口的下一个标签页是"Source View"源代码视图窗口,从中可以查看相关程序源代码。双击默认诊断视图中的错误信息,也可以进入源代码视图,查看源代码中发生争用的准确位置,方便对照、分析和修改程序,解决相关的线程问题,如图 5.25 所示。

对源代码实施更改,并在 Visual Studio 集成开发环境中重新对程序代码进行编译链接后,可以重新运行线程检查器来跟踪警告和信息提示,如此反复,直至解决程序中隐含的所有线程问题,线程检查器中不再出现线程出错信息" "为止。

### 5.3.3　使用线程检测器查找应用程序的潜在问题

多线程应用程序中常见的几种潜在的问题包括:数据竞争、死锁和线程安全问题,下面通过具体实例,介绍如何使用线程检查器分析、找出和修正应用程序中隐含的各种问题或错误,并予以解决。为便于自学,编者在随书光盘中,与本节实验代码的同级目录下的"Solutions"文件夹中,提供了程序修改的参考代码,请对照自行进行分析,限于篇幅,在此就不再赘述程序细节了。

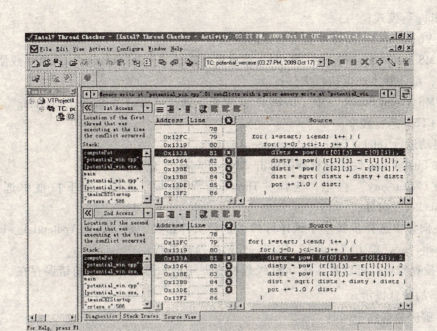

图 5.25　源代码视图窗口

**1. 数据竞争问题**

（1）编译和运行单线程实验程序 potential

⊙ 程序源代码及应用程序示例详见光盘路径：\code\Thread Checker\potential_serial\

具体操作步骤如下：

① 关闭病毒扫描和监控程序；

② 采用 Microsoft Visual Studio 工具打开实验程序文件：potential_ serial.sln；

③ 编译，运行程序并记录实验结果：

在"MS Visual Studio"中"Build"菜单里，选择"Configuration Manager"选项，然后选择"Debug"模式；

在"MS Visual Studio"中"Build"菜单里，选择"Build Solution"选项（或使用 Ctrl + Shift + B），编译并生成可执行文件；

在"MS Visual Studio"中"Debug"菜单里，选择"Start Without Debugging"选项（或使用 Ctrl + F5）运行程序。

单线程程序中不存在数据竞争问题，因此，可以看到在 Intel 线程检查器中没有检测到任何数据竞争的错误存在。

（2）编译和运行多线程实验程序 potential

⊙ 程序源代码及应用程序示例详见光盘路径：\code\Thread Checker\potential_win\

具体操作步骤如下：

① 关闭病毒扫描和监控程序；

② 采用 Microsoft Visual Studio 工具打开实验程序文件：potential_win.sln；

③ 编译、运行程序并记录实验结果：

在"MS Visual Studio"中"Build"菜单里，选择"Configuration Manager"选项，然后

选择"Debug"模式；

配置 Visual Studio 编译环境（参照附录）；

在"MS Visual Studio"中"Build"菜单里，选择"Build Solution"选项（或使用 Ctrl + Shift + B），编译并生成可执行文件；

在"MS Visual Studio"中"Debug"菜单里，选择"Start Without Debugging"选项（或使用 Ctrl + F5）运行程序。

④ 启动运行 Intel VTune Performance Analyzer；

⑤ 在 Intel Vtune 性能分析器中单击"New Project"命令；

⑥ 在"Category"栏里，选择"Threading Wizards"选项，在下拉框中选择"Intel Thread Checker"向导；

⑦ 在向导中选择步骤③中编译好的可执行文件路径，例如，D:\potential_win\Debug\potential_win.exe，单击"Finish"按钮，开始线程检查器。

线程检查完毕，可以看到在 Intel 线程检查器中检测到数据竞争的错误存在，即有标志为""的信息提示。

（3）解决数据竞争问题

针对数据竞争问题，分析产生竞争问题的原因，参照本书光盘"Solutions"文件夹中的参考代码，修改源程序解决。

**2. 死锁问题**

⊙ 程序源代码及应用程序示例详见光盘路径:\code\Thread Checker\ Deadlock\

具体操作步骤如下：

① 关闭病毒扫描和监控程序；

② 采用 Microsoft DevStudio 工具打开实验程序文件：Deadlock.sln；

③ 编译、运行程序并记录实验结果：

在"MS Visual Studio"中"Build"菜单里，选择"Configuration Manager"选项，然后选择"Debug"模式；

配置 Visual Studio 编译环境（参照附录）；

在 Visual Studio 属性管理器窗口中 C/C++ 文件菜单中，选择"Command Line"文件夹，输入"/Qtcheck"；

在"MS Visual Studio"中"Build"菜单里，选择"Build Solution"选项（或使用 Ctrl + Shift + B），编译并生成可执行文件；

在"MS Visual Studio"中"Debug"菜单里，选择"Start Without Debugging"选项（或使用 Ctrl + F5）运行程序；

结合程序源代码，分析程序结果执行是否正确。

④ 启动运行"Intel VTune Performance Analyzer"；

⑤ 在 Intel Vtune 性能分析器中单击"New Project"命令；

⑥ 在"Category"栏选择"Threading Wizards"选项，在下拉框中选择"Intel Thread Checker"向导；

⑦ 在向导中选择步骤③中编译好的可执行文件路径：\code\Thread Checker\Deadlock\Debug\Deadlock.exe,单击"Finish"按钮，开始线程检查器。

⑧ 使用线程检查器多检查几次程序，直至出现死锁，请注意，因为死锁的发生具有一

定的偶然性，所以并不是每次都会出现死锁现象；

⑨ 待线程检查器检查出死锁问题时，双击诊断列表中的任意一条（错误或者警告），分析相应代码和错误或警告发生的原因；

⑩ 修改程序，改正程序错误，重新编译调试运行，重新用线程检查器分析程序，直至解决死锁问题。

注意每个线程函数 work0（）和 work1（）中临界区变量 cs0 和 cs1 的调用顺序。

**3. 线程安全性测试问题**

⊙ 程序源代码及应用程序示例详见光盘路径：\code\Thread Checker\Deadlock\Thread Safe Libraries

具体操作步骤如下：

① 关闭病毒扫描和监控程序；

② 采用 Microsoft DevStudio 工具打开实验程序文件：Safe Libraries.sln；

③ 配置"OpenMP"选项，使用 OpenMP 修改程序，并编译；

④ 使用"Intel Thread Checker"找到产生数据冲突的位置，并根据提示的程序代码段解决方法，修正程序代码，解决数据冲突问题。

## 5.4 线程档案器

### 5.4.1 线程档案器简介

Intel Thread Profiler，即 Intel 线程档案器，可以帮助调整并提高基于 Intel 多核处理器平台上采用 Windows API、OpenMP 或者 POSIX Threads 等多线程技术的应用程序性能。

线程档案器通过监控程序的运行来检测线程性能的相关问题，包括线程过载和同步冲突，能够帮助查找负载平衡、同步开销等线程性能问题，能自动识别限制多线程应用程序并行性能的瓶颈所在。利用 Intel 线程档案器还可以进行关键路径分析，线程档案器最后提供图形式的检测结果，由此可以快速查明影响程序运行时间的代码位置，并通过图像形式生动显示每个线程的实时工作状况，从而大大简化了调整程序性能的任务；Intel 线程档案器能同时显示并发视图和时间轴视图，这有助于查看哪部分代码适合并行处理以及应用性能问题源于何处，通过它，开发人员能够在应用中充分利用多核技术。

### 5.4.2 线程档案器的使用

使用线程档案器优化多线程应用程序的性能，可按照以下 4 个步骤进行：

① 选择合适的编译器对应用程序进行编译；

② 启用线程档案器，对应用程序进行数据采样和分析；

③ 根据线程档案器的分析结果，评价应用程序的并行性能，针对程序代码中并行性能较低的部分进行多线程优化处理，最大限度提高应用程序的并行性能；

④ 重新使用线程档案器对修改过后的源代码进行再次的采样分析，反复以上③、④步骤，直至使用线程档案器分析达到最优并行性能为止。

具体操作步骤介绍如下。

**1. 建立新工程项目**

1）启动 Intel 线程档案器或启动 Intel VTune 性能分析器（线程档案器已嵌入到 Intel VTune 性能分析器中），在"File"菜单中选择"New Project"，建立一个新的采样项目，如图 5.26 所示。

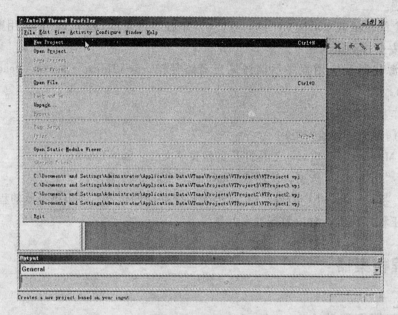

图 5.26　新建工程

2）弹出"New Project"对话框，在"Category"下拉列表框里选择"Threading Wizards"，如图 5.27 所示。

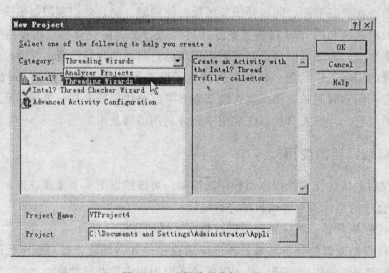

图 5.27　选择线程分析工具

3）在其下面的列表栏中选择"Intel Thread Profiler Wizard"（见图 5.28 中①），在"Project Name"栏中输入项目名称（见图 5.28 中②），在"Project"栏设置项目的保存位置和路径

(见图 5.28 中③),然后点击"OK"按钮。

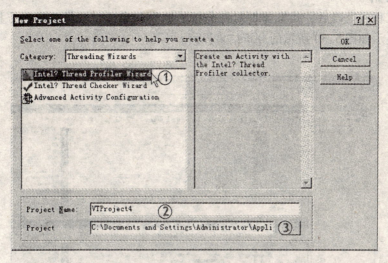

图 5.28 设置线程检测器向导

4) 在弹出的"Intel(R) Thread Profiler Wizard"对话框中,"Collection Mode"项为应用程序编程的模式,其中,"Instrumentation"模式适用于使用 Windows API、POSIX API、或者 OpenMP 线程方式编写的一般多线程程序,"OpenMP*-specific"模式适用于使用 openmp_profile 参数的 Intel 编译器进行编译,并且由 OpenMP 线程方式所编写的多线程程序。勾选"Lanch an application"选项,在其下的选择框中选择待分析的应用程序文件(见图 5.29 中①),应用程序文件设置好后,会在下面的"Working directory"中会显示出当前应用程序文件所在的文件夹,若需要设置不同工作目录,我们也可以更改该目录位置(见图 5.29 中②)。在下面列出的"Command line arguments"中,可以列出程序的命令行、参数等(见图 5.29 中③)。点击"Finsh"按钮,一个新工程便创建完成。

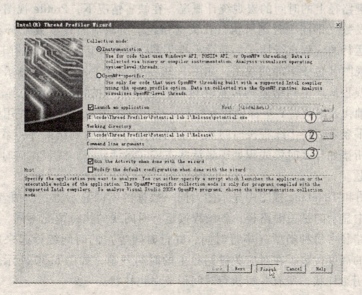

图 5.29 设置待分析的应用程序及参数信息

细心的读者可能会发现，以上步骤的操作与 Intel 线程检测器中的步骤基本一致。

**2. 线程分析**

建立好工程项目以后，档案器即对待分析的应用程序进行数据采样和分析，缺省情况下，完成后显示如图 5.30 所示的分析结果界面。

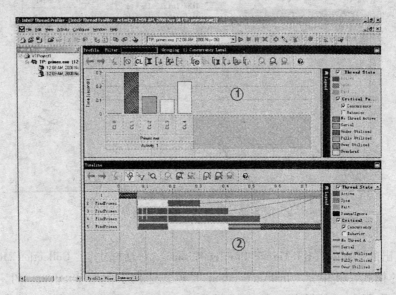

图 5.30　Profiler 视图和 TimeLine 视图窗口

Intel 线程档案器提供不同的视图，可用于分析影响应用程序性能的线程问题；帮助理解应用程序各线程与同步之间的内在属性；识别线程开销太大、线程延迟阻塞和处理器资源使用不均衡等性能问题。

线程档案器视图包括：Profile 视图、TimeLine 视图、Source 视图和 Summary 视图。

Profile 视图（位于上部的视图，如图 5.30 中①所示）为缺省显示视图，显示的是花费在至少一条关键路径上的时间的宏观统计概况，在缺省情况下，Profile 视图显示的是整个应用程序按照并发数（即同一时刻所执行在关键路径上所激活的线程数）分组的性能分析结果，包括正在运行的线程执行情况、运行于排队等待的线程情况、线程的阻塞情况等。

TimeLine 视图（位于下部的视图，如图 5.30 中②所示）也为缺省显示视图，显示的是应用程序中各线程从产生到结束的可视化过程，包括线程的活动、跃迁等。在 TimeLine 视图中，X 坐标轴代表时间，Y 坐标轴代表线程，应用程序中的每一个线程用一个水平条来进行标示，该水平条就表征了线程按时间从产生到执行到等待再到结束等一系列过程。它有助于帮助我们分析诸如什么时候线程处于激活状态或非激活状态，线程在何时位于关键路径上等基本线程问题。

Profile 视图和 TimeLine 视图中显示的为同一数据的不同显示方式，两者是相互统一的，TimeLine 视图中显示的是关键路径，各线程按运行时间线的执行情况不同，Profile 视图中显示的是把关键路径中每种类型（串行时间、并行时间等）的时间统计起来后形成的分色柱状图，柱状体的高度代表了在对应关键路径上的时间开销，如图 5.30 所示，所有的串行执行时间形成含阴影柱状，所有并行执行时间形成白色柱状。

Source 视图（如图 5.31 所示）显示的是对应于程序中线程事件和性能问题的源代码段

和变量等,通过双击 TimeLine 视图上的转换即进入 Source 视图,从而准确查看线程在源代码中进行转换工作的位置。

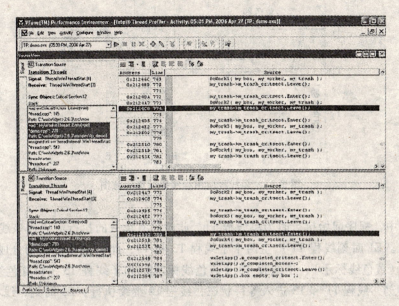

图 5.31  Source 视图窗口

Summary 视图(如图 5.32 所示)以表格的形式提供当前系统的各种相关分类信息摘要,包括系统当前信息、应用程序执行线程数统计、线程跃迁数、每秒线程跃迁数、API 函数调用次数、竞争产生次数等。

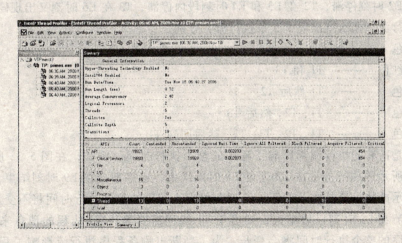

图 5.32  Summary 视图窗口

### 3. 关键路径分析

(1) 应用程序执行流

一个串行的应用程序因为只有一个单一线程,所以也就只有一个单一的程序执行流,而与此相对,一个多线程应用程序就包含有多个执行流。多线程应用程序执行流示意图如图

5.33 所示。

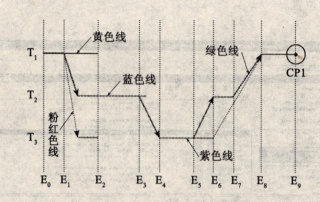

图 5.33　多线程应用程序执行流示意图

图 5.32 中，程序起始执行时为单线程 T1，此时只有单一的执行流通过该线程（从时间点 E0 到 E1）。E1 时刻线程 T1 产生两个子线程 T2 和 T3，此时执行流被切分成三条，分别是父线程 T1（黄色线标示）、子线程 T2（蓝色线标示）和子线程 T3（粉红色线标示），执行流到 E2 时刻，线程 T1 和 T3 进入等待状态，线程 T2 继续执行；E3 时刻，线程 T2 进入等待状态，同时唤醒 T3 线程继续执行。

除了当一个新线程被创建时，执行流会被切分以外，当一个拥有共享资源的线程释放掉该资源，使得另一个线程可以继续运行时，执行流也会被切分，例如，图 5.33 中，E3 时刻线程 T2 释放掉一个锁给 T3 和 E5 时刻 T3 释放另一个锁给 T2，两者都导致执行流的切分。当一个线程暂停下来等待一个共享资源（或锁）或线程终止时，一个执行流将结束。图中，T1 和 T3 在 E2 时刻停滞，T2 在 E3 和 E4 时刻段内停滞，T3 在 E6 时刻又出现停滞，都终止了相应的执行流，那么就出现了 5 条执行流，分别是：

黄色　　　——　T1
粉红色　　——　T1 和 T3
蓝色　　　——　T1 然后 T2
紫色　　　——　T1，T2，然后 T3
绿色　　　——　T1，T2，T3，T2，然后回到 T1

但并不是所有的执行流都影响了程序的整个执行时间。例如，在图 5.33 所示实例中，不管粉红色所示的执行流是在 E2 还是 E3 时刻结束，程序都会在 E9 时刻结束，与此类似，不管紫色所示的执行流是在 E6 还是 E7 时刻结束，程序的整体执行时间将不受影响，但是，如果该执行流在 E8 时刻以后结束，则由于 T1 线程需要等待 T3 线程的消息来重新启动执行，那么程序的整个执行时间将会变长。为了判断出哪条程序执行流影响了程序的执行时间，Intel 线程档案器会对所有执行流逐个进行关键路径分析。

（2）关键路径与关键路径目标

所谓关键路径（CP），指的是在所有执行流中最长的活动路径。串行应用程序有单一的执行流，对应的即为缺省的关键路径。与串行应用程序只有单一的关键路径（因为它只有单一的一个线程）不同，因为线程间的异步特性，多线程应用程序的每一次执行过程都会有一条不同的关键路径。通过分析关键路径上线程间的相互关系，可以找到提高程序并行性、缩短关键路径和程序执行时间的有效方法。

关键路径目标指的是关键路径终点的线程和时间，在缺省情况下，关键路径目标即为程序执行的终点位置处的激活线程和终点时刻（如图5.33中CP1）。

### 5.4.3 线程档案器优化应用程序性能

下面通过具体实例，介绍如何使用线程档案器优化多核系统下多线程应用程序的性能。为便于自学，编者在随书光盘中，与本节实验代码的同级目录下的"Solutions"文件夹中，提供了程序修改的参考代码，请读者对照，自行进行分析。

**1. 线程档案器基础**

⊙ 程序源代码及应用程序示例详见光盘路径：\code\Thread Profiler\Potential lab 1
具体操作步骤如下：
① 关闭病毒扫描和监控程序；
② 编译、运行程序并记录实验结果：

采用 Microsoft DevStudio 工具打开实验程序文件：potential lab1.sln；

在"MS Visual Studio"中"Build"菜单里，选择"Configuration Manager"选项，然后选择"Release"模式；

配置 Visual Studio 编译环境（参考附录）；

设置 Debug 模式为：/Zi；

设置链接 Debug 信息为：/DEBUG；

设置线程安全系统库为：/MD；

设置二进制文件可重定位功能为：/fixed：no；

在"MS Visual Studio"中"Build"菜单里，选择"Build Solution"选项（或使用 Ctrl + Shift + B），编译并生成可执行文件；

③ 运行"Intel VTune Performance Analyzer"，并新建工程项目，在"Category"栏选择"Threading Wizard"选项，在下拉框中选择"Intel Thread Profile Wizard"选项；

④ 选择刚才编译好的可执行文件路径：\code\Thread Profiler\Potential lab 1\Release\Potential.exe，单击"Finish"按钮，开始运行 Thread profiler 进行分析；

⑤ 运行结束后，在双重视图中，可以看到程序存在比较明显的性能问题，线程切换过多；观察 Profile 栏的 Concurrency Level 视图，可以发现程序体中串行（只有一个线程）过程占整体程序比重较大，并行过程的比重有待增加；进入到 Grouping to object 视图，发现有同步对象在关键路径上占用了大量的时间，而它又是串行执行的。

针对在 Thread profiler 观察到的程序体的性能问题，参照随书光盘"Solutions"文件夹中的参考代码，修改源程序解决。

**2. 负载平衡问题**

⊙ 程序源代码及应用程序示例详见光盘路径：\code\Thread Profiler\Potential lab2\
具体操作步骤如下：
① 关闭病毒扫描和监控程序；
② 采用 Microsoft DevStudio 工具打开实验程序文件：potential lab2.sln；
③ 配置 Visual Studio 编译环境（参考附录），选择 Release 版本编译，运行程序并记录实验结果（注意源代码中两个事件变量 bSignal 和 eSignal 的定义和初始化，以及 tPoolCom-

putePot 函数中的 done 变量的使用）；

④ 使用 Intel Thread profiler 分析该多线程程序的性能和执行效率；

⑤ 根据 Intel Thread profiler 中表征出的应用程序的效能问题图示，修改程序代码，改善该应用程序的效能，提高应用程序的执行效率；

⑥ 再次编译，运行程序并记录实验结果；再次使用 Intel Thread profiler 分析问题是否解决。

通过 Thread Profiler 我们可以看出，两个 worker 线程活跃时间的差异表明两个线程的计算负载不均衡，需要重新分配每个线程完成的任务，使任务分配更为平衡。

在 ComputePot 函数中，每个线程用它分配的标示符（tid）来划分它要完成的任务块。然而，在内部的循环需要用到外部循环的索引作为结束条件。因此，当外部循环的索引越大时，内部循环的迭代次数也就越多，而相应的，划分到的线程所要完成的任务也越重。可以考虑不采用将连续的迭代分配给一个线程，而交叉分配给多个线程，如只有两个线程时，可将奇数次的迭代分配给一个线程，而偶数次的迭代分配给另外一个线程。

**3. 同步竞争问题**

⊙ 程序源代码及应用程序示例详见光盘路径：\code\Thread Profiler\Numerical Integration\

具体操作步骤如下：

① 关闭病毒扫描和监控程序；

② 采用 Microsoft DevStudio 工具打开实验程序文件：TP_lab3.sln；

③ 配置 Visual Studio 编译环境（参考附录），选择 Release 版本编译，运行程序；

④ 使用 Intel Thread profiler 分析该多线程程序的性能和执行效率；

⑤ 根据 Intel Thread profiler 中表征出的应用程序的效能问题图示，修改程序代码，改善该应用程序的效能，提高应用程序的执行效率；

⑥ 编译、运行程序并记录实验结果。

从实验结果中我们可以看到，反复地进入和争夺在临界区的对象产生了大量的串行操作，可以考虑在 PiThreadFunc 函数中声明局部变量求和计算矩形的面积，这样可以保证每个线程都使用各自的变量，不需要再考虑同步的问题，一旦某个线程完成计算分配的任务，再需要同步更新局部变量和全局变量。具体的修改过程，请参考本书光盘 Code \ Thread Checker \ Solutlons 中的程序代码。

# 本 章 小 结

本章主要介绍了在基于 Intel 多核处理器的系统上，进行多核应用程序开发的几个主要辅助软件工具，包括 Intel C++ Compiler、VTune 性能分析器、Thread checker 线程检测器和 Thread Profiler 线程档案器，并针对具体编程实例，重点讲解了使用这些工具进行 Windows 操作系统下多核应用程序调试、快速有效地改进以及提升应用程序性能的基本方法。

# 第6章 高性能多核编程——IPP程序设计

## 6.1 IPP简介与使用

随着每一代处理器的成功开发,愿意用汇编语言进行编程的开发人员不断减少。每代新处理器的开发都需要新一批的汇编和编译人员以及新一批的开发专家。每款处理器的发布,都需要给开发人员提供相应的软件工具作为支撑,正是意识到这个情况,Intel开始为开发者提供优化后的代码库。

一方面,Intel为每个技术领域建立了专门的函数库。这些性能库由Intel图像处理、信号处理、识别基元和JPEG库组成。另一方面,Intel负责开发了开源的计算机视觉库以及其他一些限制发布的计算和媒体编解码库。这些函数大部分来自于现有的研究和产品。

Intel集成性能基元(Intel IPP)是Intel函数库的第二代。它最早起源于对图像处理库提供的较为简单的应用程序接口,很快它就成为了一个简单的、统一的初级函数库,并为广大专业编程人员所采用。如今的Intel IPP已囊括了大量的函数,这其中也包含了早期的所有函数库。

### 6.1.1 什么是Intel IPP

Intel IPP(integrated performance primitives)即Intel集成性能基元。它是一个交叉架构的跨平台软件库,提供了大量的库功能,用于多媒体、音频编码、视频编码、计算机视觉、密码系统及此类处理的视觉过程。它包含着下面三个主要特性。

**1. 一个支持广泛多媒体和快速运算的集成库**

Intel IPP是一套拥有统一规则的函数功能集合。它覆盖了很多组件,包括许多类的运算任务函数和所有的媒体类型函数。几乎所有耗时的函数,特别是那些一次对多组数据进行运算的函数,都是Intel IPP的处理对象。IPP将这些函数功能集成在一个库里面的最大的好处就是可以提高编程的效率。

IPP的应用程序接口包括以下几方面的功能:
① 算术和逻辑:从简单的向量加法到复杂的有一定精确度的统计函数;
② 信号处理和音频:包括核心DSP函数、音频和语音编码函数以及语音辨认基元;
③ 图像处理和视频与图像编码:包括二维信号处理、图像变换、计算机视觉、JPEG、MPEG、DV和H.26x编码;
④ 矩阵算术和线性代数:特别是关于图像和数学的矩阵运算;
⑤ 字符串:一个关于字符串操作的函数库;
⑥ 密码学:几种加密算法和相关支持函数。

## 2. 一个软件性能优化层

低层优化的关键是处理器配置代码。每一代成功的 Intel 处理器都增加了新的功能和容量。很多这种新的容量并不能通过高级语言直接访问。IPP 一个比较突出的特征是增加了单指令多数据（SIMD）指令集，其中具有 MMX™ 技术、SSE、SSE-2、SSE-3 以及 Intel Wireless MMX™ 等技术。一般高级语言并不具备细颗粒并行的标准架构，它们需要使用专门的工具或汇编语言程序。

由于一些计算的过程中有多个程序，会多次重复执行，因此可以用汇编语言优化它们，使其适合各个处理器并能并行使用。这就需要使用面向指定处理器优化的产品——Intel IPP。Intel IPP 使用前面所提到的技术，将程序性能大大提升。

PC 端的应用程序还很大程度上保留了处理器传统的架构。多数程序被编译成为单一版本供 Intel 架构的处理器使用。Intel IPP 的目的就是想让这些代码充分利用指定处理器的特性。使用 Intel IPP 的代码可以保证在享有利用指定处理器代码的高性能时，程序仍然是处理器不可知的。因为调用是隐藏在 Intel IPP 内部的，开发人员通过 IPP 无需编写底层（汇编）代码，即可获得优化的应用程序。

在提供多版本的代码时，分配机制是其中的关键。Intel IPP 为每个函数提供了多个实现方法。分配的方法在开始时决定了处理器类型，并利用跳转表或指定处理器动态库来保证执行的是每一个函数中最适合的版本。图 6.1 说明了基于 CPU 的分配方法。

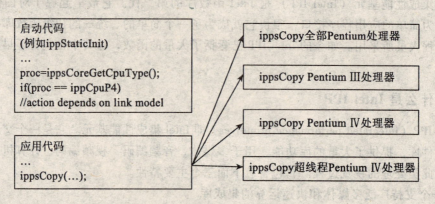

图 6.1　CPU 检测和分配（32 位处理器）

## 3. 一个面向底层的基本运算单元集合

多媒体优化是 IPP 的一个重要功能，Intel 早期的 IPP 函数库包括了一些高级的多媒体处理建构和函数集。这些建构常常掩盖了 IPP 函数库真正的优点：性能和通用性。Intel IPP 着眼于基元，因此，Intel IPP 中的函数设计得非常短和低开销。这种方式的优点之一是，每个函数带有更少的分支，另外，Intel IPP 中的小函数只支持一种数据类型和一个风格的函数。因此，它们在转向支持不同数据类型的分支时并不承担额外开销。

这种方法的另一个优点是，小的函数占用的内存和磁盘空间小。通常，一个 IPP 应用程序只需要一两个版本的函数，而且细颗粒方法允许程序直接链接需要的函数集。

低级 API 的缺点是，它没有像高级 API 那样功能齐全。尤其在一些常用组件上，如视频压缩等，即使是多功能核心已经写好，也比较难以执行。因此，Intel 为 IPP4.0 提供了一些编码样例，其中大部分都是关于图像、视频、音频和语音压缩与解压的。这些例子均提供了源代码，允许读者增加和扩展。尽管不属于 Intel IPP API，但它们的确可以作为优化层来扩大基元的应用。图6.2说明了例子和 Intel IPP 的关系。

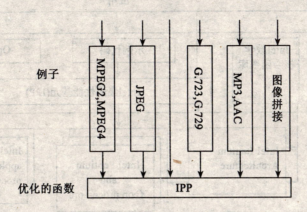

图 6.2　基元和例子的关系

**4. 跨平台和操作系统的 API**

Intel IPP 是一个跨平台的库。其中，支持 Intel 架构的处理器以及 Itanium 系列的处理器的 API 是相同的，支持 Windows 和 Linux 的 API 也相同。Intel 个人因特网代理体系（Intel PCA）的手持版是该 API 的缩减版，其功能限制在集成和定点运算上，还缺乏一些范围的支持。这个版本在 Windows 下和 Linux 下也是相同的。Intel 架构版本和 Intel PCA 版本的基本区别在于是否与操作系统服务和 APIs 相兼容。

IPP 支持的硬件平台和操作系统如下：

（1）支持多种硬件平台

MMX$^{TM}$，Streaming SIMD Extensions（SSE）和 Streaming SIMD Extensions 2（SSE-2）Technologies；

IA-32（including Intel Xeon$^{TM}$ processor）；

Itanium architecture；

Intel XScale$^{TM}$ micro-architecture。

（2）支持多种操作系统

Windows NT 4.0 / Windows 2000 /Windows XP；

Windows XP 64-bit；

Linux & Linux-64；

Windows CE，Linux in embedded device。

## 6.1.2　IPP 与 Intel 其他组件的关系

IPP 支持在多种平台上开发，可自动识别 Intel 处理器，并选择相应的 dll 和体系结构相关的指令集。Intel 其他组件，如 OpenCV，为 IPP 提供了透明的用户使用接口。这意味着，它可以实时地自动为某些特定的处理器加载 IPP 库。IPP 支持的 Intel 库有：SPL（signal processing library）、IPL（image processing library）、IJL（intel JPEG library）、RPL（recognition primitives library），同时，还支持新平台的移植。IPP 与 Intel 其他组件的关系如图 6.3 所示。

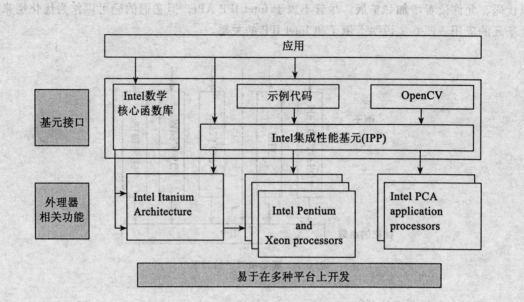

图 6.3 IPP 与 Intel 其他组件的关系

### 6.1.3 IPP 的安装

用户可根据 Intel 处理器和操作系统在 Intel 卓越支持(https://premier.intel.com/)下载相应的 IPP 软件包。例如,对于 Pentium Ⅳ 与 Windows,安装可执行程序文件的名称为 w_ipp_ia32_x_x.x.xxx.exe。

| Intel 处理器 | Intel IPP 软件包 |
| --- | --- |
| Intel Pentium 处理器家族 | w_ipp_ia32_p_5.2.063.exe |
| Intel Itanium 处理器系列 | w_ipp_itanium_p_5.2.063.exe |
| Intel Xeon™ 处理器与 Intel EM64T | w_ipp_em64t_p_5.2.057.exe |
| Intel IXP4XX 网络处理器家族 | w_ipp_ixp_p_5.2.057.exe |

详细的安装过程和界面可参考 Intel 支持网站。

**1. VC6.0 编程头文件与库文件路径设置**

本章介绍的内容未经标注均以 Windows 操作系统 Microsoft Visual C++ 开发环境为例。在完成了 IPP 软件包的安装后,用户需要在系统和开发环境中设置编程头文件和库文件路径,其操作界面如图 6.4、图 6.5、图 6.6 所示。

**2. VC.net 编程头文件与库文件路径设置**

VC.net 头文件的路径设置:在主菜单中选择"工具 > 选项"一项,弹出以下界面后进行设置,如图 6.7 所示。

VC.net 库文件的路径设置,如图 6.8 所示。

VC.net 项目链接中库文件的设置,在主菜单中选择"项目 > *属性"一项,弹出以下界面后进行设置,如图 6.9 所示。

# 第 6 章 高性能多核编程——IPP 程序设计

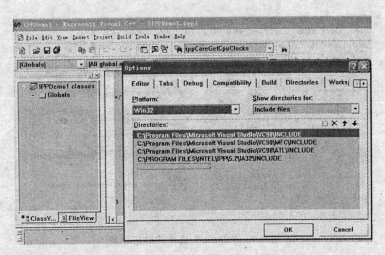

图 6.4　VC 6.0 头文件的路径设置

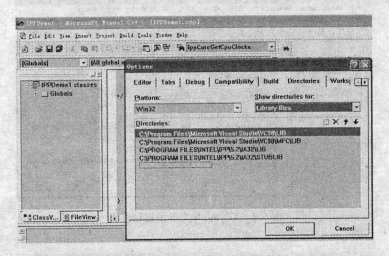

图 6.5　VC 6.0 库文件路径的设置

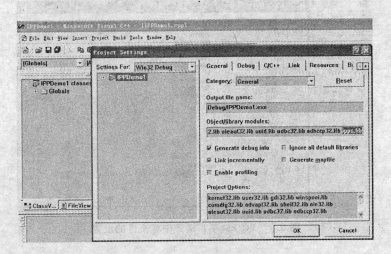

图 6.6　VC 6.0 项目链接中库文件的设置

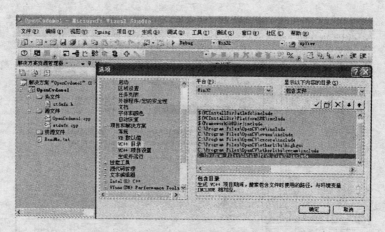

图 6.7　VC.net 头文件的路径设置

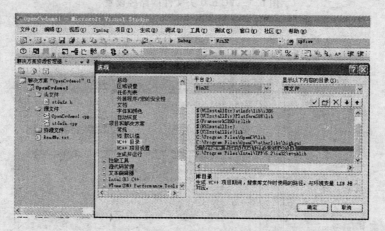

图 6.8　VC.net 库文件的路径设置

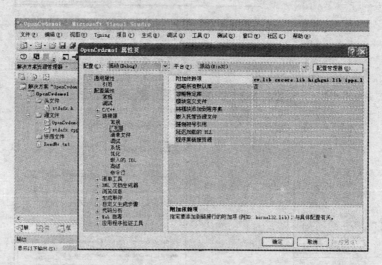

图 6.9　VC.net 项目链接中库文件的设置

## 6.2 IPP 编程技术基础

### 6.2.1 架构与接口

Intel IPP 是一个很大的应用程序接口集,其中包含数以千计的函数。为了便于开发者理解这些函数,Intel IPP 遵循命名和接口惯例。这样做的目的是为了使 API 中所有的函数标准化和稳定化,以便使其行为具有可预测性。熟练的 Intel IPP 用户能够不过分依赖手册即可确定复杂的 Intel IPP 函数的名字和用途。

本节的目的是陈述 IPP 编程的基础,并着重强调对函数应用范围的理解。本节描述了每个函数组中的数据类型、数据布局、架构和协议。另外,函数命名和调用规则也是本节的一个重点。

**1. IPP 数据类型**

对 Intel IPP 的操作可以分成三个大的部分,每一个部分均带有相应的函数前缀,这三大部分间最基本的区别是各自输入序列的数据类型不同。这三个类型分别介绍如下。

(1) 信号和序列

该类别包含了大部分的关于一维序列数据的函数。该部分的函数均带有 ipp 的前缀。这是因为,在很多情况下一维序列是一个信号而且很多运算是信号处理运算。

序列运算包括:

① 矢量化的标量算术运算,如两个单元的序列相加得到第三个序列;

② 矢量化的数学类型函数,如对序列中每个数字作正弦变换;

③ 数字信号处理运算;

④ 音频处理和编码;

⑤ 语音识别;

⑥ 字符串运算。

(2) 图像

图像是像素的二维序列。图像一般具有多通道,这些通道代表了不同的颜色平面。另外,很多关于图像的运算,如滤波器和几何学运算,需要图像的邻域是相关的。

Intel IPP 中的图像函数均带有 ippi 的前缀。图像函数包含:

① 图像的算术、逻辑和统计函数;

② 图像滤波和处理函数;

③ 二维信号处理函数,如支持雷达图像或医学图像的函数;

④ 计算机版本函数;

⑤ 视频编码函数;

⑥ 基于栅格的图像函数,如绘图函数。

(3) 向量和矩阵

向量和矩阵是一维或二维的序列,它们是线性数据向量,并满足线性代数运算。在 Intel IPP 中,这些函数均带有 ippm 的前缀。部分 Intel IPP 内部的管理函数并不用这些类型进行运算,这些函数带有 ipp 的前缀。

## 2. 基础数据类型

C/C++或其他种类的语言往往强调基础类型的独立架构。例如，int 型经常被描述为执行架构的核心类型。尽管如此，int 型变量即使是在 64 位架构上，也被通用地标明为 32 位整数。这种类型在将来能够达到的长度现在还无法预测。例如，在 Inte IPP 诞生的初期，long 型数据在 64 位架构上要达到的长度也无法确定。因为 Intel IPP 函数对向量运算很依赖，确切的数据元素大小是输入和输出数据的关键特征。所以，Intel IPP 中序列的类型都具有确定的长度。其中所支持的复杂数据的类型并不是 C 或 C++ 中的基础类型，但却有利于定义。

基础类型具有如下形式：

IppNN < u | s | f > [c]

代码 NN 代表了各类型中位的个数，比如 8 或 32。字母 u 和 s 分别表明类型是无符号或有符号整数，f 表明了数据是否为浮点型，c 表明了数据是否交错复杂。

表 6.1 包含了 Intel IPP 中定义的所有类型。表中代码栏是各函数名中用来表示序列的类型的字符。不同版本的函数数据类型不同，可以用此方法进行区分。

表 6.1　　　　　　　　　　　　**Intel IPP 基础类型**

| 代码 | Intel IPP 类型 | C 语言中的定义 |
| --- | --- | --- |
| 8u | Ipp8u | unsigned char |
| 8s | Ipp8s | char |
| 16u | Ipp16u | unsigned short |
| 16s | Ipp16s | short |
| 32u | Ipp32u | unsigned int |
| 32s | Ipp32s | int |
| 32f | Ipp32f | float |
| 64f | Ipp64f | double |
| 1u | Ipp8u | unsigned char* bitstream, int offset |
| 16sc | Ipp16sc | struct { Ipp16s re; Ipp16s im; } Ipp16sc |
| 32sc | Ipp32sc | struct { Ipp32s re; Ipp32s im; } Ipp32sc |
| 32fc | Ipp32fc | struct { Ipp32f re; Ipp32f im; } Ipp32fc |
| 64fc | Ipp64fc | struct { Ipp64f re; Ipp64f im; } Ipp64fc |

## 3. 信号和序列

支持这三种数据类型的函数具有各自的特征。这些特征在函数的命名中显而易见。为了提供一个高效且直接的函数层,几乎每种函数的每个风格都有自己的入口点。函数的命名也要求能区分出每个不同风格的函数。Intel IPP 中函数命名常用的方法是将大部分相关的组件的名字组合而成。本节将介绍 Intel IPP 函数的命名规则。

对于一维信号和序列来说,名字的构建如下:

ippsBasename[_modifiers]_types[_descriptors]

其中,Basename 组件是一个或多个可以表示算法或运算的单词的首字母和缩写词。

modifiers 是在各基础名字中选取的缩写词,该缩写词在多个入口点均可使用。modifiers 与函数有关,新的 modifiers 可以用来建立函数组。modifiers 常常用来表示一个只能用于特定算法的函数,或者用来区分不同算法或数据配置中相似的运算。

types 是对输入和输出数据类型的速记代码。这些代码在表 6.1 中的第一列中都已列出。如果输入和输出的类型不同的话,均以输入的类型为准。

descriptors 是个独立的特征,它能说明运算的详情。表 6.2 列出了用于带有 ipps 前缀的函数的描述代码。如果使用了多个描述符,它们就会以字母表的顺序列出。很多函数没有描述符,仅仅依靠缺省的行为模式运行。

带有 ipps 前缀的一维序列函数的例子如下:

ippsAdd_32f(前缀,基础名和类型);

ippsConvert_16s32f_Sfs(前缀,基础名,输入和输出类型,描述符);

ippsFIROne_Direct_16s32f_ISfs(前缀,基础名,修饰符,类型,两个描述符)。

表 6.2     **ipps 函数描述符**

| 代码 | 描述 | 例子 |
| --- | --- | --- |
| Axx | 用于高级算法运算,详述精确的结果位数 | ippsSqrt_32f_A11<br>ippsSqrt_32fA24<br>ippsCos_64f_A50<br>ippsCos_64f_A53 |
| I | 运算是一维的。运算结果被写回源变量,自变量既是源变量又是目标变量 | ippsFlip_16u(三个自变量 src,dst,len)<br>ippsFlip_16u_I(两个自变量,srcdst,len) |
| Sfs | 此函数缩放了运算的结果,通过变量 ScaleFactor 转换。这通常在运算结果太大时,用于保持结果精度 | ippsAddC_16s_Sfs(src, val, dst, len, scaleFactor)<br>用 src 和 val 相加得到的结果除以 scaleFactor,结果存入 dst |

## 4. 图像

图像运算的函数命名和信号函数的组成元素一样。总体格式如下:

ippiBasename[_modifiers]_types[_descriptors]

二者最大的区别在于，描述符的解码不同。图像函数的描述符更广泛。表 6.3 分别以函数名的出现顺序列出了函数名前缀为 ippi 的各函数的描述符的编码。

表 6.3　　　　　　　　　　　　　ippi 函数的描述符编码

| 编码 | 描述 | 例子 |
| --- | --- | --- |
| AC4 | 图像具有 4 个通道，第四个通道是 α 通道。当用这种方法标识时，α 通道将被排除在运算外 | ippiAddC_8u_AC4R<br>ippiMean_8u_AC4R |
| C1、C3、C4 | 图像在内存中具有 1、3 或 4 个通道的交叉数据。大多数情况下用来表示一个通道的 C1 也可以用于多平面图像 | ippiDCT8x8Fwd_16s_C1T<br>ippiRGBToYUV_8u_C3R |
| C2 | 图像在内存中具有交叉的通道。这是一种特殊情况。在这种情况下，第二个"通道"本身经常是两个交叉子通道组成的。它的大小和变量都是基于双通道图像的 | ippiYCbCr422ToRGB_8u_C2C3R<br>ippiJoin422_9u_P3C2R |
| I | 操作执行回位。运算的结果被写回源数据，因此变量既是源数据又是目标数据 | ippiDCT8x8Fwd_16s_C1（用三个图像作为变量 src1，src2 和 dst）<br>ippiDCT8x8Fwd_16s_C1T（用两个图像作为变量 src 和 srcdst） |
| M | 运算使用模板来判断该对哪个像素进行运算 | ippiSet_8u_C1MR（val, dst, dstStep, size, mask, maskStep） |
| P3，P4 | 图像具有 3 或 4 个通道的数据分布在独立的平面；运算采用指针序列对图像平面进行运算 | ippiRGBToYCbCr420_8u_C3P3R（用交叉的 RGB 图像作为输入并把结果写入三个分立的输出序列中） |
| R | 对图像中定义的兴趣区域运算。大多数图像处理函数有此描述符 | |
| Sfs | 缩放运算的结果。通过变量 scalefactor 实现处理结果的变换。这通常在运算结果太大时，用于保持结果精度 | ippiAddC_8u_AC4Sfs（src, values, dst, size, scalefactor）用 src 和 value 相加得到的结果除以 scalefactor，结果存入 dst |

黑白图像一般具有单通道数据，即图像的灰度。彩色图像具有三个通道的数据，最普通的图像即为具有 RGB 三个通道的彩色图像。图像运算的每个函数均带有一个通道计数描述符，因为函数中没有缺省定义的通道计数器。每个图像凡是间隔存储的记为 Cn，凡是二维存储的记为 Pn。

当输入和输出通道格式不相同时，源数据和目标数据均以表 6.3 中的方式列出。例如，函数 ippiCopy_8u_C3P3R 复制一个交叉图像的三个通道到三个分立的平面。

(1) channel-order 图像

C3 或 C4 类型的图像通常被认为具有三或四个交叉通道。AC4 类型的图像通常被认为具有四个通道，但是第四个通道是不可读写的。

表 6.4 显示了各种 channel-order 图像的数据格式，每个数字代表了一个不同的通道，如"红"或"绿"。

表 6.4　　　　　　　　　　　　channel-order 图像的数据格式

| 描述 | 索引号 | | | | | | | | |
|---|---|---|---|---|---|---|---|---|---|
|  | 0 | 1 | 2 | 3 | 4 | 5 | 6 | 7 | 8 |
| C1 | 1 | 1 | 1 | 1 | 1 | 1 | 1 | 1 | 1 |
| C3 | 1 | 2 | 3 | 1 | 2 | 3 | 1 | 2 | 3 |
| C4 | 1 | 2 | 3 | 4 | 1 | 2 | 3 | 4 | 1 |
| AC4 | 1 | 2 | 3 | A | 1 | 2 | 3 | A | 1 |
| C2 | 1 | 2 | 1 | 2* | 1 | 2 | 1 | 2* | 1 |

注：* 依据数据类型，该入口是不同于通道 2 的一个子通道。

(2) 二维图像

二维图像的格式是，每个通道都是一个独立的序列。二维图像以指针序列的形式传递给 Intel IPP，当使用 R 规范时，传递给 Intel IPP 的是步骤参数。

这些函数接受交叉的 RGB 输入，并把结果写进三个独立的输出序列里，例子如下：

ippiRGBToYUV422_8u_C3P3(const Ipp8U* pSrc, Ipp8u* pDst[3], IppiSize imgSize)

ippiRGBToYCbCr420_8u_C3P3R(const Ipp8u* pSrc, int srcStep, Ipp8u* pDst[3], int dstStep[3], IppiSize roiSize)

多数函数组不需要单独处理二维图像的函数。以多维形式排列的多通道图像可作为单通道的多个图像来处理，用函数中的 C1 型多次对其运算即可。色彩变换和其他的跨通道运算明显和该规律不同，因此很多函数还添加了 P3 型。

(3) 兴趣区域

除了运算的规模之外，大多数操作和图像的大小有关，这些操作往往带有一个 R 描述符。在这些操作中，每个图像指针后均带有一个参数。该参数以字节为单位，标明了图像中区域的宽度。

(4) 兴趣区域模板

一些 Intel IPP 函数集支持位模板。该图像模板是一个与图像具有相同维数的图像。该模板的存储方式与原图像不同，数据类型一般是 Ipp8u。图 6.10 说明了图像在采用 ippiSet_8u_

C1MR 模板进行运算的过程。

图 6.10 变量像素值为 99 的 ippiSet_8u_C1MR 模板的运算

## 5. 矩阵

矩阵函数的函数名是带有 ippm 前缀的函数，这些函数有如下格式：

ippmBasename_objects_type[_objectsize][_descriptors]

由于线性代数和矩阵以及向量运算的特性，本组中的操作不是很多。现列举如下：Copy、Extract、LoadIdentity、Saxpy、Add、Sub、Mul、CrossProduct、DotProduct、L2Norm、LComb、Transpose、Invert、FrobNorm、Det、Trace、Gaxpy、LUDecomp、LUBackSubst、QRDecomp 以及 QEBackSubst。

ippm 函数仅支持浮点型的输入。几乎所有的函数都支持 Ipp32f 和 Ipp64f。

## 6. 对象

在矩阵类函数名中多了两个区域描述。其中，第一个是对象区域，该区域标明源的基本形式和对象类型。它有如下形式：

< srccode1 >[ srccode2 ]

如果一个运算有两个源，这两个源无论是否相同都已标出。对于目标对象类型就不再赘述，因为它已被输入对象类型唯一确定。

对象有三个基本类型：常数、向量和矩阵，分别以 c、v 和 m 表示。例如，用 ippmMul_mv32f 实现一个矩阵和一个向量相乘，再把输出结果存入同样大小的向量中。

如果一个矩阵需要在输入时被转置，则该转置在对象代码中以 T 符号标出。例如，ippmMul_vmT-32f 表示的是矩阵与一个向量转置后相乘，结果存入一个同型向量中。

向量序列和矩阵可以转入 ippm 运算。该运算用于向量序列或矩阵时，其整个过程非常像对同样的运行在独立向量和矩阵的操作的调用。例如，ippmMul_mva_32f 把一个矩阵和每个向量相乘并把结果放入同型向量中去。

表 6.5 列出了所有的对象编码及其意义和描述。

## 表 6.5　ippm 函数中的对象编码

| 编码 | 意义 | 描述 |
| --- | --- | --- |
| c | 常量 | 单值/标量 |
| V | 向量 | 一维数值序列 |
| M | 矩阵 | 二维数值序列 |
| mT | 转置矩阵 | 矩阵沿对角线对称后的结果 |
| Va | 向量序列 | 向量的序列、表、队列[1] |
| Ma | 矩阵队列 | 矩阵的序列、表、队列 |
| maT | 转置矩阵序列 | 转置矩阵的序列、表、队列 |

### 7. 大小

很多矩阵和向量函数是针对指定大小的矩阵或向量进行的。objectsize 区域说明了矩阵的大小，以及如果没有矩阵时，向量的大小。运算中经常出现各种大小的对象，但是这种大小是被矩阵的大小和运算的类型唯一确定的。例如，用 ippmMul_vc_32f_3x1 函数将一个常数与一个 $3 \times 1$ 向量相乘；用 ippmMul_mv_32f_3x3 将一个 $3 \times 1$ 向量与一个 $3 \times 3$ 矩阵相乘。

如果没有指定大小，则大小将被默认认为是变量。如果指定的话，可以指定的向量大小为 $3 \times 1$、$4 \times 1$、$5 \times 1$ 和 $6 \times 1$，可以指定的矩阵大小为 $3 \times 3$、$4 \times 4$、$5 \times 5$ 和 $6 \times 6$。

### 8. 描述符

带有 ippm 前缀的函数一共有三个描述符：L、P 和 S2。前两个描述符表示的形式可以替换缺省的设置。最后一个描述符可以作为函数的额外参数。该描述符独立于形式之外，所以除了缺省值之外，总共有五个描述符组合可以使用：L、P、S2、LS2 和 PS2。

表 6.6 列出了各描述符以及各自的例子。

## 表 6.6　ippm 函数的描述符

| 编码 | 描述 | 例子 |
| --- | --- | --- |
| 无 | 每个输入都是指向对象序列第一个对象的指针 | ippmMul_mam_32f_3x3(<br>const Ipp32f* pSrc1,<br>Ipp32s src1Stride0,<br>Ipp32s src1Stride1,<br>const Ipp32f* pSrc2,<br>ipp32s src2Stride1,<br>Ipp32f* pDst,<br>Ipp32s dstStride0,<br>Ipp32s dstStride1,<br>Ipp32u count); |

| 编码 | 描述 | 例子 |
| --- | --- | --- |
| L | 每个输入都是指向对象的指针 | ippmMul_mam_32f_3x3_L(<br>const Ipp32f** pSrc1,<br>Ipp32s src1ROIShift,<br>Ipp32s src1Stride1,<br>const Ipp32f* pSrc2,<br>ipp32s src2Stride1,<br>Ipp32f** pDst,<br>Ipp32s dstROIShift,<br>Ipp32s dstStride1,<br>Ipp32u count); |
| P | 每个输入均是指向元素的指针序列，指针指向第一个对象中的元素 | ippmMul_mam_32f_3x3_P(<br>const Ipp32f** pSrc1,<br>Ipp32s src1ROIShift,<br>const Ipp32f** pSrc2,<br>Ipp32s src2ROIShift,<br>Ipp32f** pDst,<br>Ipp32s dstROIShift,<br>Ipp32u count); |
| S2 | 在元素序列或矩阵之间存在跨步 | ippmMul_mam_32f_3x3_S2(<br>const Ipp32f** pSrc1,<br>Ipp32s src1Stride0,<br>Ipp32s src1Stride1,<br>Ipp32s src1Stride2,<br>const Ipp32f* pSrc2,<br>ipp32s src2Stride1,<br>Ipp32s src2Stride2,<br>Ipp32f** pDst,<br>Ipp32s dstStride0,<br>Ipp32s dstStride1,<br>Ipp32s dstStride2,<br>Ipp32u count); |

### 9. 核心函数

该函数库包含了一些中性函数，用来检测和设置系统以及 Intel IPP 架构。这一类函数一般带有 ippCore 的前缀。例子如下：

① ippCoregetCpuType 可以获得 CPU 类型；

② ippGetLibVersion 可以获得函数库版本；
③ ippCoreGetCpuClocks 可以获得处理器时钟；
④ ippMalloc 分配内存给予相应处理器。

**10. 域**

为了便于组织，Intel IPP 内部被分为几个相关函数子集。每个子集被称为一个域，每个域都有自己的头文件、静态库和动态链接库。Intel IPP 手册上介绍了函数在哪个头文件中可被查到，但却没有解释独立的域。因此，表 6.7 列出了每个域的代码、头文件和库名以及作用范围。

表 6.7　　　　　　　　　　　　　Intel IPP 中的域

| 代码 | 头文件 | 库文件 | 描述 | 版本 | 大类 |
|---|---|---|---|---|---|
| ippAC | ippac.h | ippac*.lib | 音频编码 | 4.0+ | 语音 |
| ippCC | ippcc.h | ippcc*.lib | 颜色转换 | 5.0+ | 运动图片 |
| ippCH | ippch.h | ippch*.lib | 字符串操作 | 4.0+ | 计算机数据 |
| ippCP | ippcp.h | ippcp*.lib | 密码学 | 4.0+ | 计算机数据 |
| ippCV | ippcv.h | ippcv*.lib | 计算机视觉 | 4.0+ | 静态图片 |
| ippDC | ippdc.h | ippdc*.lib | 数据压缩 | 5.0+ | 计算机数据 |
| ippIP | ippi.h | ippi*.lib | 图像处理 | 4.0+ | 静态图片 |
| ippJP | ippj.h | ippj*.lib | JPEG | 4.0+ | 静态图片 |
| ippMX | ippm.h | ippm*.lib | 小矩阵运算 | 4.0+ | 数学 |
| ippRR | ipprr.h | ipprr*.lib | 渲染库 | 5.2+ | 静态图片 |
| ippSP | ipps.h | ipps*.lib | 信号处理 | 4.0+ | 数学 |
| ippSC | ippsc.h | ippsc*.lib | 语音编码 | 4.0+ | 语音 |
| ippSR | ippsr.h | ippsr*.lib | 语音识别 | 4.0+ | 语音 |
| ippVC | ippvc.h | ippvc*.lib | 视频编码 | 4.0+ | 运动图片 |
| ippVM | ippvm.h | ippvm*.lib | 向量数学 | 4.0+ | 数学 |

这些域经常简单地映射到三种数据类型，前缀分别为 ipps、ippi 和 ippm，但是映射的结果并不都是一对一的。例如，当 ippSp.h、ippSC.h 和 ippSR.h 中的函数都对信号数据进行运算和 ippCV.h 被专用于图像函数时，ippMP.h 就被分成信号函数和图像函数。

**11. 结构体**

在 Intel IPP 中，使用结构体是有限制的。几乎所有的结构体都隶属于下面的其中一种：
① 编译器不支持的基础类型，就用结构体实现；
② 基础结构体；
③ 用于多重运算的状态和详细结构体；
④ 指定的编码"正交"函数结构体。

（1）基础类型结构体

Intel IPP 扩展了基础类型的数据来包含已定义结构，并赋予数据序列类型包含交叉复杂的数据。下面列出一些 Intel IPP 中所使用的复杂数据：

```
typedef struct { Ipp* u re; Ipp8u im; } Ipp8uc;
typedef struct { Ipp16s re; Ipp16s im; } Ipp16sc;
typedef struct { Ipp32f re; Ipp32f im; } Ipp32fc;
```

这些类型和其他基础类型是相同的,也就是说,如果是变量的话,则它们以值的形式传递,否则就以指针序列的形式。例如,函数 Set 有如下的原型:

ippSet_16sc(Ipp16sc val, Ipp16sc* pDst, int len);

(2) 基础结构体

Intel IPP 中的基础结构体分别是 IppiPoint、IppiSize 和 IppiRect。它们具有如下的定义:

```
typedef struct { int x; int y; } IppiPoint;
typedef struct { int width; int height; } IppiSize;
typedef struct { int x; int y; int width; int height; } IppiRect;
```

这些结构体也是通过值传递给 Intel IPP 的,例如,在函数 Resize 中:

ippiResize_8u_C1R(const IPp8u* pSrc, IppiSize srcSize, int srcStep, IppiRect srcROI, Ipp8u* pDst, int dstStep, IppiSize dstRoiSize, double xFactor, double YFactor, int interpolation)

### 6.2.2 IPP 基本编程方法

很多 Intel IPP 函数只有基本的运算功能,基本到可以只用 4 行标准的 C 程序实现,其中一些甚至是从标准函数库中复制或扩展而来的,如 sin 和 memcpy 函数。它们与标准函数之间主要区别是,Intel IPP 函数是优化以后的版本,运算速度比直接用高级语言写出的代码快很多。但是,把一般的用标准函数写出的代码转换为 Intel IPP 中的矢量形式是非常有技术含量的。

其他的 Intel IPP 函数用来完成复杂的算术运算。在很多情况下,这些算术函数只在一个域中定义,但可以用于很多程序。

下面介绍的内容说明了如何使用这些函数编写代码,以及使用这些函数时的一些技巧。这些函数适用范围的广度可能并不那么显而易见,但是下面的众多例子显示了一些非常有用的基础函数使用程序。

**1. 用 CoreGetCpuClocks 测试性能**

处理器利用时钟来组织其运算。每次处理器时钟改变状态时,处理器就执行一些计算。在几乎所有的情况下,处理器时钟始终以固定的频率振动,所以计算时钟振动的次数是一个很好的计时方式。为了允许使用时钟做性能测试,许多 Intel 处理器的核包含了一个可以计算时钟振动次数的记录器。

Intel IPP 函数 CoreGetCpuClocks 能访问这个 64 位记录器。通过两个记录器相减就能得到一个非常精确的处理器消逝时间的结果。这个结果是最细颗粒消逝时间测量方法。

【例 6.1】 下面的代码列出了一个例子,使用这个函数来实现时钟振动次数的测量。

```
#include "ipp.h"
int main(int argc, char* argv[])
{
    Ipp64u start, end;
    start = ippCoreGetCpuClocks();
    end  = ippCoregetCpuClocks();
```

```
printf("Clocks to do nothing: %d\n", (Ipp32s)(end - start));

start = ippCoregetCpuClocks();
printf("Hello World\n");
end = ippCoreGetCpuClocks();

printf("Clocks to print 'hello world' : %d\n", (Ipp32s)(end - start));

return 0;
}
```

执行结果为:
Clocks to do nothing: 99
Hello World
Clocks to print 'hello world': 26750

注意到"to do nothing"的时间,在这个例子中,通过两个相邻的 ippCoreGetCpuClocks 调用来测量,可仍然需要近 100 个循环才能完成。这个方法的改良之处,在于减去了计算时间时花费在获取 CPU 时钟上的开销。这个改良在测量段的代码队列时非常有用。开销限制了测量的精确性,而减去这个开销以后,抓取代码段仅需 10 个循环的时间来执行。

下面的代码可以完成此计算:

```
start = ippCoreGetCpuClocks();
start = ippCoreGetCpuClocks() * 2 - start;
// Code to be measured goes here
end = ippCoreGetCpuClocks();
```

该方法一般情况下会得出更为精确的结果,但是会不时地出现反常情况,包括罕见的负循环计数。这些反常情况发生的原因是 CoreGetCpuClocks 返回了一个处理器振动次数而并非处理次数。操作系统中经常存在多个争用处理器的进程,因此不能保证两次对 CoreGetCpu-Clocks 调用之间,所有的时间都用来执行这段代码。如果操作系统在进行测试的时候转向了其他的线程,得到的结果时钟就包含了其他运算的时间。

非实时系统,包括 Microsoft Windows,使用的时间片在很多情况下对完成一个简单的测试来说是足够大的。但是无论时间有多短,每次运算总会被打断。因此,最好分多次完成运算,然后再对执行结果求平均值。这个方法的优点是它预热了 Cache,但它需要的时间更长一些,而且只适用于测试,而不是生产性代码。

为了更准确地读数,运算又做了进一步的改进,即多次进行运算并记录每次的循环数,然后再对结果取平均值。这种方法基本上完全去除了真正异常的读数。

在程序性能比较中,时钟振动比较是一种好方法。当需要一个绝对的时间测量时,用处理器频率去除以时钟振动的次数就可以得到确切时间。例如,一个处理器的时钟主频为 2GHz,即可以计数 $2 \times 10^9$ 次/s。在这个处理器上,一个有 200 000 次循环的时钟测量则仅需要 $2 \times 10^5$ 次/$(2 \times 10^9$ 次/s$) = 10^{-4}$s = 0.1μs。

用 float 或 double 型变量计算这个数值的效果要比用 Ipp64s 的效果好得多。

函数 ippsGetCpuFreqMhz 通过实际测量可以估计 CPU 的主频。

注意，要得到稳定和正确的测量结果，要保证数据总是在 Cache 里（热）或总是在 Cache 外（冷）。本章乃至本书中的时钟计数都是用的热型 Cache，即已经将兴趣数据存入 Cache。在多数情况下，无论是运算前还是在运算中都会多次预热 Cache。最好选择热性 Cache 的原因如下：

① 测试程序能很可靠地预热 Cache，却很难可靠地保证冷却它。因此，总是使用预热的 Cache 可以产生更稳定的结果。

② Intel IPP 的优化更多的是注重处理器性能而非内存性能。这也是为什么数据在 Cache 中测试的结果更为稳定的原因。

③ 最好的性能只能通过使用好的内存管理机制以及把数据存入 Cache 才能得到。因此，此方法为程序代码提出了一个性能目标。

因为应用的是热型 Cache，性能测试的结果精确地反映出了一些情况，尤其是当内存的管理合适时。但是如果不注意内存管理，结果可能会随时变化。

**2. 数据复制**

当需要复制中型乃至大型的数据块时，无论数据还是序列、字符串或是结构体，函数 ippsCopy 显得非常有用。这个函数是一个非常高效的内存复制机制，除非要复制的数据块超过了一定规模，调用这个函数或其他功能的开销是非常合算的。下面我们比较一下三种复制短数据的方法。

第一个方法是用标准 C 语言编写：

for( i = 0; i < len; i ++ ) pDst[ i ] = pSrc[ i ];

第二个方法使用 C 标准库调用：

memcpy( pDst, pSrc, len * 2 );

第三个方法是使用 Intel IPP 调用：

ippsCopy_16s( pSrc, pDst, len );

**【例 6.2】** 数据复制的简单代码。

```
#include "stdafx.h"
#include "ipp.h"        //引入头文件
int main( int argc, char* argv[ ] )
{
    const int SIZE = 256;
    Ipp8u pSrc[SIZE], pDst[SIZE];   //定义数组
    int i;
    for ( i = 0; i < SIZE; i ++ )
        pSrc[i] = (Ipp8u)i;         //初始化数组
    ippsCopy_8u( pSrc, pDst, SIZE );  //数组拷贝,由 pSrc 到 pDst
    return 0;
```

**3. 类型和布局的转换**

在 C 和 C++ 中，可以用隐式的方法在两个整型或整型与浮点型之间进行转换，用这种

方法进行转换会造成性能和精度损失低。若用 Intel IPP 进行显式转换，速度会提高，可控制性也会增强。

形如 ippsConvert_<Type1><Type2> 的转换函数，从 Type1 类型中复制数据到 Type2 类型中去。如果目的类型具有更高或同样的动态范围和精度，那么数据就仅仅是作为一个新的类型复制进入了一个大点的空间中，也许会有符号的扩展。但是，如果新类型比旧类型数据的精度或动态范围较小的话，那么该转换就包含了缩小的因素或四舍五入的方式。

下面是一个简单的例子，用 C 语言的风格执行了一个显式的 short 型到 float 型的转换：

for( i = 0 ; i < len ; i ++ ) pDst[ i ] = ( float) pSrc[ i ];

以下使用 IPP 调用执行了同样的从 short 型到 float 型转换：

ippsConvert_16s32f( pSrc，pDst，len )；

从 short 型复制数据到 float 型中，并没有造成任何潜在的精度损失，因此这时两种方式都是仅仅从 short 型中把数值复制到 float 型中。但是，如果是从 float 型转换到 short 型，就会出现精度以及动态范围的问题。用 C 语言实现自动类型转换会迫使数据进入目的类型的动态范围，但是 Intel IPP 需要用另外的参数来控制转换。参数 scaleFactor 通过设置每一位来设置正确的转换结果。参数 rndMode 指定了四舍五入的方式，即 round-to-zero 或 round-to-nearest。大多数 Intel IPP 中的四舍五入方式是 round-to-neares，即将浮点数转换成最近的整数，但这个规则不适合那些小数是 .5 的数据，这种数字要转换成最近的偶数。

Intel IPP 从 float 型到 short 型转换结果可写为：

Min( 32767，Max( -32768，Round（ src >> scaleFactor )))

为了便于读者引用，表 6.8 列出了所有可用的转换。注意，表中"信号"和"图像"的转换既不是完全重叠的，也不是完全分开的。这两个区域的焦点是转换成该区域的核心类型或从核心类型转换，信号的核心类型是 Ipp16s 和 Ipp32f，图像的是 Ipp8u。

表 6.8　　　　　　　　　　Intel IPP4.0 中的转换函数

| 原类型 | 目的类型 | | | | | | |
|---|---|---|---|---|---|---|---|
| | 8u | 8s | 16u | 16s | 32s | 32f | 64f |
| 8u | - | | i | i | i | s,i | |
| 8s | | - | | s | i | s,i | |
| 16u | i | | - | | | s,i | |
| 16s | | s | | - | s | s,i | |
| 32s | i | i | | | - | s | s |
| 32f | s,i | s,i | s,i | s,i | s | - | s |
| 64f | | | | | s | s | - |

注："i" 表明函数作为 ippiConvert 的一个版本存在；"s" 表明函数作为 ippsConvert 的一个版本存在；"-" 表明两个类型相同。

## 6.3 IPP 编程实例

### 6.3.1 基于 IPP 的数字信号处理编程

Intel IPP 中一维信号处理功能主要集中在计算、滤波、分析、编码4个方面。这一节主要介绍 Intel IPP 中的信号发生器和滤波功能。

**1. 信号发生器**

下面的例子在很大程度上依赖于人为输入的数据。这些数据都用 Intel IPP 信号发生器产生,其中一个功能函数就是 ippsVectorJaehne。

为了将结果可视化,采用一个能够跨越很多频率的简单信号是很有价值的。为此,Intel IPP 提供了一个产生"Jaehne"波形的函数,这个函数实现了以下公式:

$$\sin(0.5\pi n^2/len)$$

产生出来的信号乍看像一个正弦信号,"瞬时频率"为$(0.5\pi n/len)$。它从零频开始逐渐增高直至达到奈奎斯特频率,也就是达到 $n = len - 1$。图 6.11 显示了信号和它的 DFT 变换。如图所示,在频域中这个信号有明显的分类。对于长信号来说,频率覆盖范围的间隙相对较小。然而,频率范围内接近边缘——上升沿的振荡却并没有减小。

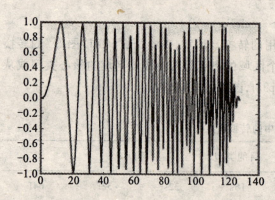
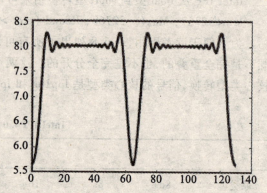

图 6.11 Jaehne 信号及频率响应的大小

下面的函数产生了长度为 len、大小为 1.0 的 Jaehne 信号:

ippsVectorJaehne_32f( pSrc,len,1.0);

Intel IPP 中还有其他信号发生函数。例如,在测试滤波器时很有用处的正弦信号发生器;在进行噪声仿真和应用于适应型滤波器时很有用处的随机序列发生器。Intel IPP 中常用信号发生函数如表 6.9 所示。

表 6.9     Intel IPP 中的信号发生函数

| 函数名 | 功能描述 |
| --- | --- |
| ippsTone_Direct | 产生一个正弦波 |
| ippsTriangle_Direct | 产生一个三角波 |

续表

| 函数名 | 功能描述 |
|---|---|
| ippsRandGaussInitAlloc, ippsRandUniformInitAlloc | 随机序列发生器状态初始化 |
| ippsRandFauss, ippsRandUniform, ippsRandGauss_Direct, ippsRandUniform_Direct | 产生高斯随机序列或同一分类的随机序列 |
| ippsVectorJaehne | 产生 Jaehne 信号 |
| ippsVectorRamp | 产生一个线性增加或线性衰减的斜坡信号 |

**2. 频域滤波**

Intel IPP 中的频域滤波采用 ippsFFT 根函数或者 ippsDFT 根函数。这两个函数都进行傅立叶变换,其中 ippsFFT 函数进行的是快速傅立叶变换(FFT)。FFT 是经常应用的一个运算,但是它的定义只基于 2 的幂的长度的信号。Intel IPP 中的 DFT 函数不局限于 2 的幂的长度的信号,但是内部却还是使用 FFT 运算。

(1) FFT 的执行

Intel IPP 中的命名公约在前面已有详细的介绍。由于 DFT 的对称特性,存在很多对于输入和输出数组的特殊的高效存储布局。表 6.10 显示了 5 个 FFT 和 DFT 的存储布局。

表 6.10  ipps 傅立叶变换的存储布局

| 编码 | 意义 | 布局 | 大小 |
|---|---|---|---|
| R | 实数 | $R_0 R_1 R_2 \cdots R_{N-1}$ | N |
| C | 复数 | $R_0 I_0 R_1 I_1 \cdots R_{N-1} I_{N-1}$ | 2N |
| CCS | 复共轭对称 | $R_0 R_1 I_1 \cdots R_{N/2} 0$ | N+2 |
| Pack | 打包的实数与复数 | $R_0 R_1 I_1 \cdots R_{N/2}$ | N |
| Perm | 互换的实数与复数 | $R_0 R_{N/2} R_1 I_1 \cdots R_{N/2-1} I_{N/2-1}$ | N |

注:"$R_n$"表示第 n 元素的实部,"$I_n$"表示元素 n 的虚部;大小是指结果序列的长度。

表中最后三个布局是为了对输入为实信号情况下的变换进行优化处理。由于傅立叶变换的实信号的输出是共轭对称的,因此,没有必要对另一半的信号也如此明确。CCS 的格式借用了这种特点,只变换了元素 0 到元素 N/2。

CCS 的输出是比输入大的两个元素。由于共轭对称信号存在一个虚部为零的分量,提供了其他两种格式,且都与输入大小相同。Pack 和 Perm 格式分别采用打包或重排数据的方法去掉了两个零点。在这些格式的底层,数据不再是有效的复数。因此,必须谨慎运用对复数进行操作的函数,甚至不能使用。

【例 6.3】 应用 FFT 函数 ippsFFTFwd_ RToCCS_ 32f 的一个例子:一个 VectorJaehne

信号的 FFT 变换的计算。这段代码所得结果与图 6.11 相似。

```
void FFT_RToC_32f32fc( Ipp32f* pSrc, Ipp32fc* pDst, int order)
{
    IppsFFTSpec_R_32f * pFFTSpec;
    ippsFFTInitAlloc_R_32f( &pFFTSpec, order,
        IPP_FFT_DIV_INV_BY_N,
        ippAlgHintFast );
    ippsFFTFwd_RToCCS_32f( pSrc, ( Ipp32f* )pDst, pDFTSpec, 0 );
    ippsConjCcs_32fc_I( pDst, 1 << order );
    ippsFFTFree_R_32f( pDFTSpec );
}
...
    Ipp32f*  pSrc = ippsMalloc_32f( len );
    Ipp32f*  pDstMag = ippsMalloc_32f( len );
    Ipp32fc* pDst = ippsMalloc_32fc( len );
    ippsVectorJaehne_32f( pSrc, 1 << order, 1 );
    FFT_RToC_32f32fc( pSrc, pDst, order );
    ippsMagnitude_32fc( pDst, pDstMag, order );
...
```

例 6.3 中定义的函数 FFT_RToC，是一个具有潜在价值的函数。它的输入信号为一个实数信号，输出为一个完整复数信号。然而，逆函数 FFT_CToR，并不是有效的，因为一个复数输入只有在输入为共轭对称时才会产生一个实数输出。因此，Intel IPP 中具有 RToCCS 和 CCSToR 函数，但没有 RToC 和 CToR 功能。

函数 FFTInitAlloc 分配和初始化一种采用傅立叶变换的优化执行表的特殊结构，它设置了指针变量 pFFTSpec。使用时，应注意以下几点：

① 储存这些表格的存储区是动态分配的，必须通过 ippsFFTFree_R_32f 来释放空间；

② 初始化需要一定数量的内存申请函数。它们用于对输入的 32 位浮点数或实数数组进行 FFT 变换。其中的每一个函数都有相应的函数来释放空间；

③ 对于正逆变换采用同样的输入/输出结构；

④ 变量 order 是信号长度以 2 为底的对数。如前所示，FFT 仅在 2 的幂基础上有定义，所以 order 变量是一个整数。DFT 函数组如下文所示，可以处理非 2 的幂的长度；

⑤ 由于函数 pFFTSpec 结构已包含了数据和操作的顺序，所以函数 ippsFFTFwd 和 ippsFFTInv 中不含有此功能；

⑥ 第三个变量决定了常数因子如何处理。当没有常数因子时，FFTInv 就等于 N*x。IPP_FFT_DIV_INV_BY_N 指出常数因子在 FFT 逆变换中将会被分离出来；

⑦ 最后一个变量与处理器的版本有关，它的值有赖于具体的处理器平台。

FFT 正变换采用以下函数执行：

ippsFFTFwd_RToCCS_32f( pSrc,( Ipp32f* )pDst,pFFTSpec,0 );

为简便起见，0 代表建立临时存储空间，这一操作告诉 Intel IPP 分配缓冲区。通常情况下，优化编码都需要通过函数 ippsFFTGetBufSize 分配一定大小的缓冲区，并在进行 FFT 函数调用时一直保持缓冲空间和 FFTSpec 结构。在这种情况下，缓冲区通过函数 FFTFwd 来分配和释放，Spec 结构通过函数 myFFT_RToC 来分配和释放。

当 FFT 产生一个 CCS 格式输出后，函数 ippsConjCcs 将简短形式扩展成为完整的复数表达形式。这种变换将数组：

| $R_0$ | 0 | $R_1$ | $I_1$ | … | $R_{N/2}$ | 0 |

变换成：

| $R_0$ | 0 | $R_1$ | $I_1$ | … | $R_{N/2}$ | 0 | $R_{N/2-1}$ | $-I_{N/2-1}$ | … | $R_1$ | $-I_1$ |

当许多信号操作可以直接在 CCS 格式的数据上进行时，其他的信号操作，如信号的显示，最好在扩展形式上进行。

（2）DFT 的调用

除了 DFT 函数可以对任意大小进行操作，不限于 2 的幂，ippsDFT 系列函数基本上与前面所叙述的 FFT 功能相同。例 6.4 显示了调用 ippsDFT 的方法。注意，除了"order"变为"len"，"FFT"变为"DFT"外，这个函数基本上与 FFT_RToC 相同。并且，IPP_FFT_DIV_INV_BY_N 列举的数值也同样能用于 DFT 函数。

【例 6.4】 计算 DFT 的示例。

```
void myDFT_RToC_32f32fc( Ipp32f* pSrc, Ipp32fc* pDst, int len)
{
    IppsDFTSpec_R_32f * pDFTSpec;
    ippsDFTInitAlloc_R_32f( &pDFTSpec, len, IPP_FFT_DIV_INV_BY_N,
    ippAlgHintFast );
    ippsDFTFwd_RToCCS_32f( pSrc, ( Ipp32f* )pDst, pDFTSpec, 0 );
    ippsConjCcs_32fc_I( pDst, len );
    ippsDFTFree_R_32f( pDFTSpec );
}
```

以上提到，Intel IPP 中 DFT 的执行在信号长度为 2 的幂时，将运用 FFT 进行计算。在信号长度为 2 的幂或非 2 的幂时，DFT 变换同样可以不用担心信号退化。因此，实际上 FFT 函数的优点较少且仅仅用于部分信号的滤除。然而，当编码大小作为一个考虑因素时，FFT 将会是一种较好的选择，因为傅立叶变换函数将占用很大的内存空间。

**3. 时域滤波**

本节通过一个简单例子来介绍 Intel IPP 中的时域滤波。该例子提供了一个滤波系数为 {0.25, 0.5, 0.25} 的滤波器，下面例 6.5 显示了此滤波器运用 Intel IPP 中 FIR 功能的执行过程。

【例 6.5】 一个运用 ippsFIR 的简单时域滤波。

```
void myFilterA_32f( Ipp32f* pSrc, Ipp32f* pDst, int len)
{
    // 定义低通滤波器
    Ipp32f taps[ ] = { 0.25f, 0.5f, 0.25f };
    Ipp32f delayLine[ ] = { 0.0f, 0.0f, 0.0f};
```

```
IppsFIRState_32f * pFIRState;
ippsFIRInitAlloc_32f( &pFIRState, taps, 3, delayLine );
ippsFIR_32f( pSrc, pDst, len, pFIRState );
ippsFIRFree_32f( pFIRState );
}
```

首先，需要建立一个长度为 3 的短实数对称滤波器，其各元素称为 taps，储存在数组 taps 中。然后，初始化延迟线。对于大多数 FIR 功能，延迟线必须与滤波器等长，但在某些情况下，Intel IPP 为提高效率，要求数组比滤波器更长。延迟线为了进行逆变换保持着历史采样数据。也就是说，如果原始数据在时刻 $t$ 开始记录，那么元素 delayLine[0] 就是时刻 $t-1$ 的原始数据，delayLine[1] 就是时刻 $t-2$ 的原始数据，依此类推。

当运用 FIR 中的 InitAlloc 协议时，系统将在延迟线数组中自动补零。如果 ippsFIRInitAlloc_32f 中设置为零，那么它将自动在 pFIRState 中将延迟线设置为全零。

实际的滤波是通过 ippsFIR_32f 来执行的，它以长度 len 反复执行原始信号滤波并将结果存入目标文件中。在每一次重复中，数值将从 pSrc[n] 中取出，再放入延迟线中。然后接收滤波器所产生的圆点和延迟时间，并将结果写入 pDst[n]。在所有次数当中，pFITState 都将在内部延迟线之前保持至最后一个 tapslen 采样值。在该例中，采样数为 3。

在实际应用中，这样的滤波器很难发挥作用，因为它对信号逐渐衰减。短尺度滤波器在频域中不能实现信号的突变。

### 6.3.2 基于 IPP 的数字图像处理编程

Intel IPP 函数包括一些图像处理操作，如图像和视频的编辑、比较、人机接口和图像的分析等。许多函数与图像滤波和几何变换功能有关。下面将主要讲这两个部分的功能编程。

对于这些函数中的任何一个系列，图像模式需要一些扩展。以下内容都以对这个扩展的解释开始，每一个部分包括许多封装了 Intel IPP 函数的类。这些类包括前面介绍的 Image8u 类、滤波和变换类以及返回这些类的对象。

**1. 图像滤波**

用于一维信号的滤波器操作的数学运算可以运用到二维的数学运算，只是在公式上作些扩展。图像滤波可以通过傅立叶变换来进行分析和设计，滤波器可以在频域上执行或者使用卷积。

图像滤波器的不同点取决于图像的特性。一个典型的图像每一维的像素点个数是几百或者几千。任何一个宽度大于 10 或 20 的滤波器会有明显的边缘效果。因此，图像滤波器一般会小一些。

（1）Filter 类

图像滤波器类是一个抽象类，浓缩了兴趣区域和相对大小计算和边界产生。这个类的声明在例 6.6 的代码中。

函数可以用来读取内核的大小和节点的位置，如果它们被包含了，可能需要对这个父类的使用进行限制，因为许多函数只适用有限范围的图像大小或不允许设置节点。对于这些函数，GetAnchor 将会返回一个常量节点，即内核中心；GetKernelSize 将返回常量大小，如 {3, 3} 或 {5, 5}。

Filter 中最重要的成员函数是计算边界函数 MakeBorderImage，其用图像和一个足够用于滤波操作的边界来填充 pBorderIm；Go 用于准备参数和调用 Go_ 纯虚函数。这两个函数的解释和兴趣区域函数的声明如下。

**【例 6.6】** 滤波器类的声明。

```
class Filter
{
private:
    int borderMode_;
    int borderVal_;
    IppiRect srcROI_;
    IppiRect dstROI_;
    int isSrcROI_, isDstROI_;
    IppiSize GetDestSize_(IppiRect srcROI) const;

protected:
    virtual int Go_(const Ipp8u* pSrc, int srcStep,
                    Ipp8u* pDst, int dstStep,
                    IppiSize dstROISize, int nChannels) = 0;

public:
    Filter();
    ~Filter();
    enum { NONE, VAL, REFLECT, REPEAT, WRAP };
    void SetBorderMode(int type);
    void SetBorderVal(int val) { borderVal_ = val; }
    int GetBorderMode() const;

    void SetSrcROI(IppiRect srcROI);
    void ClearSrcROI() { isSrcROI_ = 0; }
    void SetDestROI(IppiRect dstROI);
    void ClearDestROI() { isDstROI_ = 0; }

    virtual int GetXMinBorder() const;
    virtual int GetXMaxBorder() const;
    virtual int GetYMinBorder() const;
    virtual int GetYMaxBorder() const;

    virtual IppiSize GetKernelSize() const = 0;
    virtual IppiPoint GetAnchor() const = 0;

    virtual IppiRect GetFullSrcRect(IppiRect srcRect) const;
```

```cpp
        virtual IppiRect GetDestRect( IppiRect srcSize) const;
        virtual IppiSize GetDestSize( IppiSize srcSize) const;
        virtual IppiSize GetDestSize( ) const;

        virtual IppiRect GetSrcRect( IppiRect dstSize) const;
        virtual IppiSize GetSrcSize( IppiSize dstSize) const;
        virtual IppiSize GetSrcSize( ) const;

        int MakeBorderImage( const Image8u* pSrc, Image8u* pBorderIm,
                             int borderMode) const;

        int Go( const Image8u* pSrc, Image8u*  pDst);
};
```

1) 计算兴趣区域。

任何一个边界产生或滤波操作之前,一个包含新图像的大小合适的内存块必须产生。第一步是计算期望图像的大小。

【例6.7】 用于简单边界化的 Filter 类方法代码。

```cpp
int Filter::GetXMinBorder( ) const
    { return GetAnchor( ).x; }
int Filter::GetXMaxBorder( ) const
    { return GetKernelSize( ).width – GetAnchor( ).x – 1; }
int Filter::GetYMinBorder( ) const
    { return GetAnchor( ).y; }
int Filter::GetYMaxBorder( ) const
    { return GetKernelSize( ).height – GetAnchor( ).y – 1; }

IppiRect Filter::GetSrcRect( IppiRect dstRect) const
{
    int xMin, yMin, xMax, yMax;

    xMin = dstRect.x – GetXMinBorder( );
    yMin = dstRect.y – GetYMinBorder( );
    xMax = dstRect.x + dstRect.width + GetXMaxBorder( );
    yMax = dstRect.y + dstRect.height + GetYMaxBorder( );

    if ( isDstROI_)
    {
        xMin = IPP_MAX( xMin, dstROI_.x);
        yMin = IPP_MAX( yMin, dstROI_.y);
```

```
        xMax = IPP_MIN(xMax, dstROI_.x + dstROI_.width);
        yMax = IPP_MIN(yMax, dstROI_.y + dstROI_.height);
    }

    if (isSrcROI_)
    {
        xMin = IPP_MAX(xMin, srcROI_.x);
        yMin = IPP_MAX(yMin, srcROI_.y);
        xMax = IPP_MIN(xMax, srcROI_.x + srcROI_.width);
        yMax = IPP_MIN(yMax, srcROI_.y + srcROI_.height);
    }

    IppiRect srcRect;
    srcRect.x = xMin;
    srcRect.y = yMin;
    srcRect.width = xMax - xMin;
    srcRect.height = yMax - yMin;

    return srcRect;
}
```

用 GetSrcRect 能计算源图像矩形边界，基于目标图像的边界、内核的大小和作用点的位置。该函数支持用户产生一个指定大小的目标图像，它和源图的大小相同。这个函数的结果将被用来产生使用正确边界尺寸的图像。

其核心代码如下：

```
xMin = dstRect.x - GetXMinBorder();
yMin = dstRect.y - GetYMinBorder();
xMax = dstRect.x + dstRect.width + GetXMaxBorder();
yMax = dstRect.y + dstRect.height + GetyMaxBorder();
```

函数 GetDstRect 执行与 GetSrcRect 相似的操作，通过源图像的边界计算目标图像的边界。

2）计算边界。

抽象类 Filter 中最灵活的函数是 MakeBorderImage。这个函数产生一个新的具有边界的图像。这个操作是和其他的特殊滤波函数独立的，所以可以将其放在父类中。它使用父类的性质，用内核大小和作用点坐标来计算新的"边界图像"的大小和源图的位置。

这个函数支持以下四种类型的边界：

① VAL 将边界用常量填充；
② REPEAT 用最外层的行或列的数据填充；
③ WARP 用相反边的图像数据填充；
④ REFLECT 用最外层行或列的翻转进行填充。

MakeBorderImage 的源代码见下例。

【例 6.8】 Filter 成员函数 MakeBorderImage 代码。

```cpp
int Filter::MakeBorderImage(const Image8u* pSrc,
    Image8u* pBorderIm, int borderMode) const
{
//Argument checking
//Initializtion / ROI Handling
//Allocation on pBorderIm
...
    int xmin = GetXMinBorder(), xmax = GetXMaxBorder();
    int ymin = GetYMinBorder(), ymax = GetYMaxBorder();
    if (borderMode == VAL)
    {
        Ipp8u border3[3] = {borderVal_, borderVal_, borderVal_};
        Ipp8u border4[4] = {borderVal_, borderVal_, borderVal_, borderVal_};

        if (nChannels == 1) st = ippiCopyConstBorder_8u_C1R(
                pSData, sStride, sSize,
                pBData, bStride, bSize,
                ymin, xmin, borderVal_);
        else if (nChannels == 3) st = ippiCopyConstBorder_8u_C3R(
                pSData, sStride, sSize,
                pBData, bStride, bSize,
                ymin, xmin, border3);
        else if (nChannels == 4) st = ippiCopyConstBorder_8u_C4R(
                pSData, sStride, sSize,
                pBData, bStride, bSize,
                ymin, xmin, border4);
    }
    else if (borderMode == REPEAT)
    {
        if (nChannels == 1) ippiCopyReplicateBorder_8u_C1R(
                pSData, sStride, sSize,
                pBData, bStride, bSize,
                ymin, xmin);
        else if (nChannels == 3) ippiCopyReplicateBorder_8u_C3R(
                pSData, sStride, sSize,
                pBData, bStride, bSize,
                ymin, xmin);
        else if (nChannels == 4) ippiCopyReplicateBorder_8u_C4R(
                pSData, sStride, sSize,
                pBData, bStride, bSize,
```

```cpp
                ymin, xmin);
        }
        else
        {
            int i;
            int w = pSrc -> GetSize().width, h = pSrc -> GetSize().height;

            pBorderIm -> Zero();
            pBorderIm -> CopyFrom_R( pSrc -> GetConstData(), w,h,
                        pSrc -> GetStride(),xmin,ymin);

            if (borderMode == REFLECT)
            {
                for (i = 0; i < ymin; i ++)
                    pBorderIm -> CopyFrom_R( pSrc -> GetConstData(0, i + 1),
                        w,1, pSrc -> GetStride(), xmin,ymin - i - 1);
                for (i = 0; i < ymax; i ++)
                    pBorderIm -> CopyFrom_R( pSrc -> GetConstData(0, h - 1 - i - 1),
                        w,1, pSrc -> GetStride(), xmin,h + ymin - 1 + i + 1);
                for (i = 0; i < xmin; i ++)
                    pBorderIm -> CopyFrom_R( pSrc -> GetConstData(i + 1,0),
                        1,h, pSrc -> GetStride(), xmin - i - 1,ymin);
                for (i = 0; i < xmax; i ++)
                    pBorderIm -> CopyFrom_R( pSrc -> GetConstData(w - 1 - i - 1,0),
                        1,h, pSrc -> GetStride(), w + xmin - 1 + i + 1,ymin);
            }
            else if (borderMode == WRAP)
            {
                pBorderIm -> CopyFrom_R( pSrc -> GetConstData(0, 0),
                    w,ymax, pSrc -> GetStride(), xmin,h + ymin);
                pBorderIm -> CopyFrom_R( pSrc -> GetConstData(0, h - ymin),
                    w,ymin, pSrc -> GetStride(), xmin,0);
                pBorderIm -> CopyFrom_R( pSrc -> GetConstData(0, 0),
                    xmax,h, pSrc -> GetStride(), w + xmin,ymin);
                pBorderIm -> CopyFrom_R( pSrc -> GetConstData(w - xmin,0),
                    xmin,h, pSrc -> GetStride(), 0,ymin);
            }
        }

        return 0;
    }
```

Intel IPP 有两个自动产生边界的函数：ippiCopyConstantBorder 和 ippiCopyReplicateBorder。它们采用 MakeBorderImage 的边界模式 VAL 和 REPEAT。这两个边界参数将直接传递给边界函数。

注意，在给 Intel IPP 边界函数传递参数时，Intel IPP 统一使用边界（水平、垂直）作为系数对，如 (x, y)、尺寸 (width, height)；但是边界函数使用相反的顺序，使用 (yBorder, xBorder)。

另外，还要注意的是，使用"最高"指的是"垂直起点"，但是点 (0, 0) 可能不是图像的最高点，对于 Right-side-up 的位图，这个点可能是图像的左下角。

其他的两个边界选项 REFLECT 和 WRAP，要通过调用 Image8u::CopyForm_R 来执行。REFLECT 要求一次复制一个边界行或者列，因为行和列在边界中是相反出现的。这可以通过使用兴趣区域 (width, 1) 或者 (height, 1) 来执行。

WARP 代码需要 4 次复制且没有循环。它复制 4 个块，包括上下左右的块，大小分别为：(leftborderwidth, height)、(rightborderwidth, height)、(width, topborderheight)、(width, bottomborderheight)。

各个选项的边界图像在图 6.12 中展示。

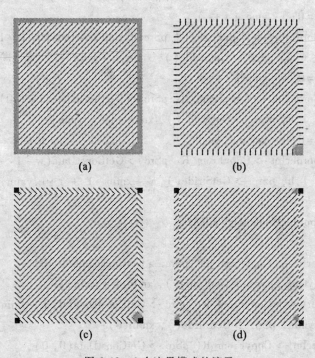

图 6.12 4 个边界模式的演示

注意，REFLECT 和 WRAP 的角落都是黑色的，因为 MakeBorderImage 函数的 4 个复制操作都没有复制这些区域。这些角落必须扩展为内部图像。对于 WARP，这些边界必须用 4 次额外的复制来产生；对于 REFLECT，则加上 4 次复制循环操作。当滤波器是矩形或者正方形时，加上角落边界可以得到最好效果的图像，但是对于十字形滤波器就不需要了。

从经验上看，REFLECT 的结果比较好。加上一个 REPEAT 边界，也可以获得一个好的目标图像，尽管当一个模糊滤波器应用在这个图像上时，边缘最后的模糊效果也不是很强。对于许多实际图像,WRAP 的结果并不好,特别是模糊滤波器。WRAP 的优点体现在数学上,因为使用 WRAP 边界的滤波器就像在做循环卷积,就像简单的频域滤波器。即使用图像的傅立叶变换,滤波器利用变换结果并将其转化模拟为循环卷积。

3)图像滤波。

纯虚函数类 Filter 没有作任何滤波。函数 Go 将参数以 IPP 的形式准备好,然后将其传递给被任何的子类执行的纯虚函数 Go_。这个 Go 函数在例 6.9 中列出了。

如果边界明确产生或不需要,则 Go 方法能够被 Filter 对象以非边界模式调用。在这种情况下,该方法计算实际尺寸然后调用 Go_,使用基于源图像的参数。当 Go 使用任何其他的边界模式时,它首先产生一个临时的大小合适的边界图像,使用 MakeBorderImage,然后调用基于临时图像的参数。

【例 6.9】 Filter 的 Go 方法。

```
int Filter::Go(const Image8u* pSrc, Image8u* pDst)
{
    int nChannels = pSrc -> GetChannelCount();
    if (nChannels ! = pDst -> GetChannelCount()) return -1;

    IppiSize dstSize = {
        IPP_MIN(pSrc -> GetSize().width, pDst -> GetSize().width),
        IPP_MIN(pSrc -> GetSize().height, pDst -> GetSize().height)
    };
    if (borderMode_ == NONE)
    {
        dstSize.width =
            IPP_MIN(pSrc -> GetSize().width-GetXMinBorder(), pDst -> GetSize().width);
        dstSize.height =
            IPP_MIN(pSrc -> GetSize().height-GetYMinBorder(), pDst -> GetSize().height);

        return
        Go_(pSrc -> GetConstData(GetXMinBorder(),GetYMinBorder()),
            pSrc > GetStride(),
            pDst -> GetData(), pDst -> GetStride(),
            pDst -> GetSize(), nChannels);
    }
    else
    {
        Image8u tmp;
        MakeBorderImage(pSrc, &tmp, borderMode_);
        return
        Go_(tmp.GetConstData(GetXMinBorder(),GetYMinBorder()),
            tmp.GetStride(),
```

```
        pDst -> GetData( ), pDst -> GetStride( ),
        pDst -> GetSize( ), nChannels);
    }
}
```

（2）滤波器和拼接

一些图像太大或者难以处理，从而不能直接载入到内存中。可以用来操作这种大图像的一种技术就是将大图像分解为许多小块，称为片。片常常为正方形，大小居于 64×64 到 256×256 之间。被存储在硬盘上直到使用的时候。这些片分布在内存中，它们虽看似整个图像，但允许块引擎来加载和单独操作它们。图 6.13 展示了一个分片的图像。

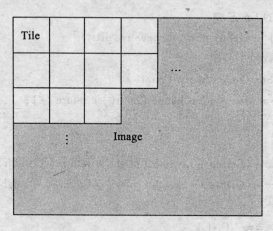

图 6.13　拼接图像的说明

正确的块访问是通过减小从内存中获取一个给定的图像部分的次数和保证每一个块被尽可能地使用来提高性能。同样地，如果块访问的过程是正确的，则块的访问是通过缓存的，而将其载入到缓存的次数应是最小的。

对分块图像的滤波而新产生的问题以及解决这些问题的策略与任何图像边界的解决方法一样。设一个可获取图像的大小为（tileW，tileH），而相同尺寸的目标图像是被滤波器程序产生的。在这种情况下，图像外的数据是可获取的，除非块是在整个图像边界上，但是，这些数据和这个块的数据在内存上不是相连的。使用上述的一种边界模式会忽略这些可用的信息。

为了支持这个模式，Filter 类能较合理地支持一个更深一层的方法来处理这些被命名为 TILING 的边界。一个单独的 MakeBorderImageTiling 方法可以支持这种新的边界类型。图 6.14 所示的方法可计算每个块相关数据的偏移量，然后采用和边界模式 WRAP 相似的复制操作。

（3）通用滤波器

Intel IPP 中的 Filter 类将常用滤波函数封装到一个更简单使用的类中。用户对尺寸、边界和兴趣区域可以不需要更多的考虑。

最通用的滤波器函数是 ippiFilter 和 ippiFilter32f。这些函数使用滤波器内核的大小可变，可以应用到任何图像。这两个图像可以封装到一个简单的通用滤波器类 GeneralFilter 中。

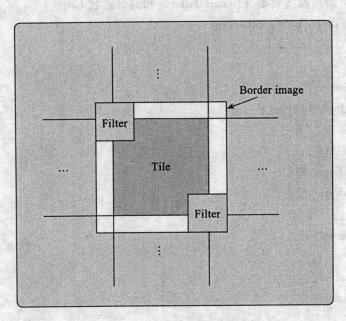

图 6.14 通过多个块建立图像边界

1) 通用滤波器类。

该类含有两种通用的滤波函数 ippiFilter 和 ippiFilter32f。ippiFilter 函数使用 Ipp8u 或者 Ipp16s 数据类型，使用 Ipp32s 数据类型的滤波内核。ippiFilter32f 函数使用 Ipp32f 数据类型，使用 Ipp32f 的内核。

这两个滤波函数都允许可变大小的内核和在内核任意位置使用一个作用点，所以类中还设立了 SetKernel、SetAnchor 函数和 kernel_、anchor_ 成员。

只使用整型来设计滤波器是非常困难的。因此，ippiFilter 函数使用整数内核 taps 时，每一个 tap 都除以一个约数，这个约数需在类中设置。

GeneralFilter 类的接口声明和部分操作在下面例 6.10 中列出。

其中，isKernel32f 标记允许 GeneralFilter 包装 Ipp32f 和 Ipp32s 两个滤波器。如果这个标记没有设置，将采用 Ipp32f 滤波器。Ipp32s 滤波器使用 pkernel32f_数组来存放数据；Ipp32f 滤波器使用 pKernel32f_指针。私有函数 Alloc32f_和 Alloc32s_为内核分配内存。

类和数据通过重载的 SetKernel 函数来设置。使用内核数组的方式和使用 Intel Ipp 函数的方式相同，所以数据只是一个一个地复制到局部数组中。使用 IPP 32s 的 SetKernel 也使用约数来传递给 ippiFilter。

作用点是可选择的。如果没有设置，和 isAnchorSet_标志表示的一样，滤波器的中心将被 Intel IPP 调用和被 GetKernel 返回。

使用 Go_代码的操作是直接的。被 SetKernel 和 SetAnchor 函数设置的和通过 Filter::Go 函数传递的参数，以及所有的 Filter 或者 Filter32f 函数的参数在 Intel IPP 函数使用之前都必须准备好。所有要做的主要是通过通道数和内核数据类型来选择 Filter 的类型，即选择 ippiFilter[32f]_8u_C1R，ippiFilter[32f]_8u_C3R 或者 ippiFilter[32f]_8u_C4R。这个特殊的函数不支持 ippiFilter[32f]_8u_AC1R，因为它可能会跳过 a 通道而只处理其他三个通道。

【例6.10】 通用滤波器类（GeneralFilter）和成员函数 Go。

```cpp
class GeneralFilter : public FilterType
{
private:
    IppiSize size_;
    GeneralFilterType Type_;

    int isKernel21f_;
    Ipp32f* pKernel32f_;
    Ipp32f* pKernel32s_;
    int divisor_;
    IppiSize kernelSize_;

    int isAnchorSet_;
    IppiPoint anchor_;

    void Alloc32f_(IppiSize kernelSize);
    void Alloc32s_(IppiSize kernelSize);

protected:
    virtual int Go_(const Ipp8u* pSrc, int srcStep,
        Ipp8u* pDst, int dstStep,
        IppiSize dstROISize, int channels);

public:
    GeneralFilter()
    ~GeneralFilter();

    void SetAnchor(IppiPoint anchor);
    ...
    void SetKernel(const Ipp32s* pKernel, IppiSize
        kernelSize, int divisor);
    void SetKernel(const Ipp32s* pKernel, IppiSize
        kernelSize);
};

int GeneralFilter::Go_(const Ipp8u* pSrc, int srcStep,
    Ipp8u* pDst, int dstStep,
    IppiSize dstROISize, int channels)
{
```

```
        IppStatus st;
        if( isKernel32f_)
        {
            if ( nChannels ==1 )
                st = ippiFilter32f_8u_C1R( pSrc, srcStep,
                    pDst, dstStep, dstROISize,
                    pKernel32f_, kernelSize_, anchor_);
            else if ( nChannels ==3 )
                ...
        }
        else
        {
            if ( nChannels ==1 )
                st = ippiFilter_8u_C1R( pSrc, srcStep,
                    pDst, dstStep, dstROISize,
                    pKernel32s_, kernelSize_, anchor_,
                    divisor_);
            else if ( nChannels ==3 )
                ...
        }
        return (int) st;
    }
```

2）普通滤波器的使用。

编写代码来使用滤波器是很简单的，困难的是决定和设计需要的滤波器。例6.11说明了怎样构造和使用滤波器来模糊一幅图像。首先，从一个文件中载入图像。然后，用Image8u∷view 显示图像，再产生一个 5×5 的滤波器来近似高斯滤波器，使用其作为内核来产生一个 GeneralFilter 对象，最后，滤除原图像，并将其结果存储到目标图像中。

【例6.11】 使用通用滤波器来模糊图像。

```
Image8u image;
if( image.LoadBMP( argv[1])) return -1;
image.View( argv[1],0);

Ipp32f pKernel[25] = {1,4,6,4,1
        4,16,24,16,4,
        6,24,36,24,6,
        4,16,24,16,4,
        1,4,6,4,1 }

for( int i =0 ; i <25; i ++ ) pKernel[i] / =256.0;
GeneralFilter f;
```

f. SetKernel(pKernel,5,5);
f. SetBorderMode(f. REFLECT);

Image8u filteredImage(image. GetSize(),
　　image. GetChannelCount());
f. Go_(&image,&filteredImage);
filteredImage. View("Filtered",1);

通过设置滤波器的边界模式为 REFLECT，代码段指挥滤波器自动地迅速生成临时的边界。这个通过 Filter 类产生临时的边界的方法很方便，但效率较低。因为在边界模式下调用 Go 而不是 NONE，会导致函数分配和初始化一个新的边界图像，这需要花费一定的时间，从而影响了执行效率。

图 6.15 展示了调用 image. View() 和 filteredImage. View() 的结果。

(a) 源图像　　　　　　　　　　(b) 变模糊后图像

图 6.15　使用通用滤波器模糊后的结果

(4) 卷积

除了内核和图像之间的卷积，Intel IPP 也提供了图像和图像之间的卷积。尽管数学上和滤波一样，卷积在接口和执行上与滤波有许多不同点：

① 由于是在两幅图像之间作卷积，所以每一个图像都有大小和步距，而没有作用点；
② 所有图像的数据类型都是一样的，在这里是 8u，而不是 32f 和 32s；
③ 结果的大小可以是整个重叠区域（ippiConvVaild）的最小值或者是任意重叠区域（ippiConvFull）的最大值；
④ 不会在图像数据的源指针之前或之后提供图像大小。

由于这些不同，卷积类不能从 Filter 类继承。但是，其接口和执行（例 6.12 列出）还是很相似的。

由于这些类对所有的源图像提供兴趣区域，所以如果存在有兴趣区域的宽度和高度，它们都会被使用。这样，目标图像的大小就被确定了。对于 ConvFull 设置，目标图像的大小比两图像大小之和要小 1：

dstSize. width = w1 + w2 − 1;

dstSize. height = h1 + h2 − 1;
对于 ConValid 设置,目标图像的大小比两图像的区别要大 1:
dstSize. width = IPP_MAX(w1,w2) − IPP_MIN(w1,w2) + 1;
dstSize. height = IPP_MAX(h1,h2) − IPP_MIN(h1,h2) + 1;

【例 6.12】 ConvFilter 类的定义和方法。

```
class ConvFilter
{
private:
    //support Rectangle of Interest for each image
    IppiRect src1ROI_, src2ROI_;
    int isSrc1ROI_, isSrc2ROI_;

public:
    ConvFilter();
    ~ConvFilter();

    void SetSrc1ROI(IppiRect src1ROI)
        {src1ROI_ = src1ROI, isSrc1ROI_ = 1;}
    void clearSrc1ROI()
        {isSrc1ROI_ = 0}
    void SetSrc1RO2(IppiRect src2ROI)
        {src1ROI_ = src2ROI, isSrc2ROI_ = 1;}
    void clearSrc2ROI()
        {isSrc2ROI_ = 0}

    enum{FULL,VALID};
    IppiSize GetDestSize(IppiSize src1Size, IppiSize src2Size,
        int type);
    int Go(const Image8u* pSrc1, const Image8u* pSrc2,
        Image8u* pDst, int type, int divisor);
};

IppiSize ConvFilter::GetDestSize(IppiSize src1Size, IppiSize src2Size, int type)
{
    IppiSize dstSize = {0,0};
    int w1,w2,h1,h2;

    if(isSrc1ROI_)
```

```
        {w1 = src1ROI_. width, h1 = src1ROI_. height}
    else
        {w1 = src1Size_. width, h1 = src1Size_. height}
    if( isSrc2ROI_)
        {w2 = src2ROI_. width, h2 = src2ROI_. height}
    else
        {w2 = src2Size_. width, h2 = src2Size_. height}

    if ( type == FULL)
    {
        dstSize. width = w1 + w2 - 1;
        dstSize. height = h1 + h2 - 1;
    }
    else if ( type == VALID)
    {
        dstSize. width = IPP_MAX( w1, w2) - IPP_MIN( w1, w2) + 1;
        dstSize. height = IPP_MAX( h1, h2) - IPP_MIN( h1, h2) + 1;
    }
    return dstSize;
}

int ConvFilter::Go( const Image8u* pSrc1, const Image8u* pSrc2,
            Image8u* pDst, int type, int divisor)
{
    int nChannels = pSrc1 -> GetChannelCount( );
    if( ( nChannels ! = pSrc2 -> GetChannelCount( )) ||
        nChannels! = pDst -> GetChannelCount( ))
        return - 1;

    typedef IppStatus _stdcall ConvFn(
        const Ipp8u* pSrc1, int src1Step, IppiSize src1Size,
        const Ipp8u* pSrc2, int src2Step, IppiSize src2Size,
        Ipp8u* pDst, int dstStep, int divisor);
    ConvFn * pConvFn;

    if( type == FULL)
    {
        if ( nChannels == 1)
```

```cpp
        pConvFn = ippiConvFull_8u_C1R;
    if( nChannels == 3 )
        pConvFn = ippiConvFull_8u_C3R;
    if ( nChannels == 4 )
        pConvFn = ippiConvFull_8u_AC4R;
}
else if( type == VALID)
{
    if ( nChannels == 1 )
        pConvFn = ippiConvValid_8u_C1R;
    if ( nChannels == 3 )
        pConvFn = ippiConvValid_8u_C3R;
    if ( nChannels == 4 )
        pConvFn = ippiConvValid_8u_AC4R;
}

Ipp8u const * pSrcData1, * pSrcData2;
IppiSize src1Size, src2Size;

if( isSrc1ROI_)
{
    pSrcData1 =
        pSrc1 -> GetConstData( src1ROI_. x, src1ROI_. y);
    src1Size. width =
        IPP_MIN( pSrc1 -> GetSize( ). width-src1ROI_. x,
            src1ROI_. width);
    src1Size. height =
        IPP_MIN( pSrc1 -> GetSize( ). height-src1ROI_. y,
            src1ROI_. height);
}
else
{
    pSrcData1 = pSrc1 -> GetConstData( );
    src1Size = pSrc1 -> GetSize( );
}
if( isSrc2ROI_)
{
    pSrcData2 =
```

```
            pSrc2 -> GetConstData( src2ROI_. x,src2ROI_. y);
        src2Size. width =
            IPP_MIN( pSrc2 -> GetSize( ). width-src2ROI_. x,
                src2ROI_. width);
        src2Size. height =
            IPP_MIN( pSrc2 -> GetSize( ). height-src2ROI_. y,
                src2ROI_. height);
    }
    else
    {
        pSrcData2 = pSrc2 -> GetConstData( );
        src2Size = pSrc2 -> GetSize( );
    }
    return ( int) pConvFn( pSrcData1,pSrc1 -> GetStride( ). src1Size,
        pSrcData2,pSrc2 -> GetStride( ). src2Size,
        pDst -> GetData( ),pDst -> GetStride( ),divisor);
}
```

上述卷积的目标矩形结果如图 6.16 所示,将两幅图像作卷积时,其中的一幅图像可以看做一个滤波器。这些类的使用方法和前面讲的滤波器相似。

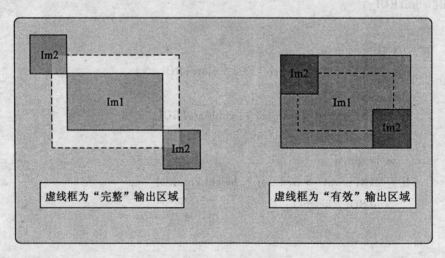

图 6.16 卷积的目标矩形

(5) 其他的滤波函数

在 Intel IPP 中还有许多其他的滤波器不属于上述的三个类。在下面将对几个典型的函数进行详细的说明。

1) 可分离滤波器。

一些滤波器能够被分解为水平滤波器和垂直滤波器的变化形式。在这些例子中,如果操作执行两个阶段：ippiFilterColumn 和 ippiFilterRow，则操作次数可以大大地减小。高斯滤波器就具有这个性能。

例如，一个具有该性能的 5×5 滤波器可以减小为两个 5×1 的滤波器，大致可以减小 2.5 倍的操作次数。因为二维滤波器的执行时间是和维度的乘积成正比的，可分离滤波器的执行时间是和维度的和成正比的，所以滤波器越大，减小的操作次数越多。

这些函数也可以用来在二维的数据上执行一维的滤波操作。

2）盒子滤波器。

盒子滤波器 ippiBoxFilter 是一个可变大小的均值滤波器。其结果和一个拥有内核中所有元素的约数的滤波器一样，是使全图变模糊。

3）非线性滤波器。

它含有许多支持内核大小可变的非线性滤波器。ippiMIn 和 ippiMax 函数设置每一个像素的输出值为其邻居像素值的最大值或最小值。ippiFilterMedian 和中值滤波器类似，只是其大小可变。

4）频域滤波器。

图像的频域分析在前面章节已经提过。ippiFFT 函数有一个机构体且参数形式和 ippsFFT 相似，具有相似对称的输出形式。在一些情况下，频域滤波器对于图像是很有作用的。

**2. 机器视觉**

除了前面讨论过的图像处理函数，Intel IPP 还包括机器视觉领域的函数。这些函数有：
① 统计：规范，平均数，中值标准背离，柱状图；
② 分析函数和滤波：膨胀和腐蚀，模糊，Laplace，Sobel，距离变换和锥形；
③ 特征识别：边缘，corner 模板匹配；
④ 运动识别和理解：运动模板。

这些函数中，许多和开源机器视觉库（OpenCV）有联系，OpenCV 在网上可以获得。它使用 Intel IPP 作为其优化层。下面将通过讲述边缘检测的具体编程来了解 IPP 中机器视觉函数的使用。

对图像的边缘进行提取是很重要的一种底层视觉处理。边缘是视觉上亮度、颜色或者两者的不连续。它们常常通过小区域像素的自动操作来提取。通过正确地表达，它们传达了高层的场景信息，特别是场景中目标边界。

Canny 边缘检测是一个比较复杂的边缘检测方法。Canny 边缘检测需要三个步骤：计算梯度图像，对梯度线上非极大值点进行抑制，通过线上的边缘强度来对这些非极大值点取阈值。

第一步输出两个图像，x 方向梯度和 y 方向梯度图像，其类型应该是 Ipp16s。由于这个原因，用于提取梯度的 Sobel 滤波器使用 Ipp8u 图像作为输入，使用 Ipp16s 作为输出。两个 Sobel 函数，Sobel3＊3_Dx 和 Sobel3×3_Dy，必须被调用来产生水平和垂直梯度。

例 6.13 列出了 Canny 类，其遵循前面提到的边缘检测的步骤。

【例 6.13】 Canny 边缘检测类的声明、定义和使用。

```
class Canny : public Filter
{
```

```cpp
    private:
        Ipp32f lowThresh_, highThresh_;
        LocalBuffer buf_;

    protected:
        virtual int Go_(const Ipp8u* pSrc, int srcStep,
            Ipp8u* pDst, int dstStep,
            IppiSize dstROISize, int nChannels);

    public:
        void SetThresholds(Ipp32f low, Ipp32f high)
            { lowThresh_ = low; highThresh_ = high; }

        virtual IppiSize GetKernelSize() const;
        virtual IppiPoint GetAnchor() const;
};

int Canny::Go_(const Ipp8u* pSrc, int srcStep,
    Ipp8u* pDst, int dstStep,
    IppiSize dstROISize, int nChannels)
{
    if (nChannels != 1) return -1;

    // Allocate temporary images and buffers
    int bufSize;
    ippiCannyGetSize(dstROISize, &bufSize);
    int tmpSize = dstStep * dstROISize.height *
        sizeof(Ipp16s);
    buf_.SetMinAlloc(tmpSize*2 + bufSize);
    Ipp16s* pTmpX = (Ipp16s*)buf_.Alloc_8u(tmpSize);
    Ipp16s* pTmpY = (Ipp16s*)buf_.Alloc_8u(tmpSize);
    Ipp8u* pBuffer = buf_.Alloc_8u(bufSize);

    IppStatus st;
    st = ippiSobel3x3_Dx_8u16s_C1R(pSrc, srcStep,
        pTmpX, dstStep*sizeof(Ipp16s), dstROISize);
    st = ippiSobel3x3_Dy_8u16s_C1R(pSrc, srcStep,
        pTmpY, dstStep*sizeof(Ipp16s), IPCV_ORIGIN_BL,
```

```
        dstROISize);

    // Calculate Edges
    st = ippiCanny_16s8u_C1R(pTmpX, dstStep*2,
        pTmpY, dstStep*2, pDst, dstStep, dstROISize,
        lowThresh_, highThresh_, pBuffer);

    buf_.ReleaseAll();
    return 0;
}

//Using Canny
    Image8u image;
    if (image.LoadBMP(argv[1]))
        return -1;
    image.View(argv[1],0);

    Image8u image2;
    image2.CopySettings(&image);

    Canny canny;
    canny.SetBorderMode(Filter::REPEAT);

    canny.SetThresholds(0.0, 64.0);
    canny.Go(&image, &image2);
    image2.View("Edges-low threshold",0);
    canny.SetThresholds(0.0, 256.0);
    canny.Go(&image, &image2);
    image2.View("Edges-medium threshold",0);
    canny.SetThresholds(0.0, 512.0);
    canny.Go(&image, &image2);
    image2.View("Edges-high threshold",1);
```

使用 Canny 类最简单的方法是继承数学函数的指针和滤波器类 Filter 的边界。滤波器类是合适的，因为 Soble 函数的输入和 Canny 函数输出都是 Ipp8u 类型图像，Sobel 滤波器需要的边界和其他的滤波器一样。而 Filter 对所有的边界操作和数据变换进行管理。Canny 只需要 4 个函数：GetKernelSize，返回{3,3}；GetAnchor，返回{1,1}；SetThresholds，设置 Canny 的阈值；Go_，执行滤波操作。

函数 Go_ 需要 3 个临时的缓存。Canny 函数需要一个 CannyGetSize 返回大小的缓存。

Sobel 函数的输出被放置在两个临时图像中,然后再传递给 Canny。Canny 的输出传递给目标数组。

图 6.17 展示了怎样用这个类来发现一幅图像中的边界。事实上,确定一个合适的阈值是不简单的,很难自动实现。图 6.17 展示了这个代码的结果,图中显示了通过尝试 3 个阈值进行边缘检测的结果。

(a) 原始图像

(b) 阈值为 64.0 时的 Canny 边缘检验结果

(c) 阈值为 256.0 时的 Canny 边缘检验结果

(d) 阈值为 512.0 时的 Canny 边缘检验结果

图 6.17 Canny 边缘检测结果

## 本 章 小 节

本章首先介绍了 Intel IPP 的基本特性,包括 IPP 的多媒体和运算库的集成特性、高性能代码特性、广泛的低级运算特征及跨平台和操作系统的特征等。同时,介绍了 IPP 和 Intel 其他组件的关系及 IPP 的安装方法。在 IPP 编程技术中,介绍了 IPP 的架构和接口以及 IPP 编程常用的技术方法。在 IPP 编程实例中,重点介绍了 IPP 在数字信号处理和数字图像处理中的应用,并给出了一些相应的例程。

# 第7章 面向应用的多核编程工具

本章将介绍一系列面向行业应用的多核编程工具,包括 Intel 公司的开源计算机视觉软件包 OpenCV,National Instrument 公司的 LabView 和 MathWorks 公司的 MATLAB 并行计算工具包。

## 7.1 面向计算机视觉的多核编程工具——OpenCV

OpenCV(open source computer vision library)是一种用于数字图像处理和计算机视觉的函数库,由 Intel 微处理器研究实验室的视觉交互组开发。OpenCV 可以在 Windows 系统及 Linux 系统下使用,该函数库是源代码开放的,能够从 Intel 公司的网站免费下载得到。OpenCV 的源代码及文档可以从网址 http://sourceforge.net/projects/opencvlibrary/Intel 下载,或者从 Intel 公司 OpenCV 的主页 http://www.intel.com/research/mrl/research/opencv/ 下载。

由于 OpenCV 的源代码是完全开放的,而且源代码的编写简洁而又高效,特别是其中大部分的函数都已经过汇编最优化,能高效而充分地利用 Intel 系列处理芯片的设计体系。对于 Pentium 系列处理器而言,OpenCV 的代码执行效率是非常高的。

### 7.1.1 OpenCV 的主要特点

OpenCV 的特点主要体现在如下几个方面。

① OpenCV 是一个包含了超过 300 个 C 函数的应用编程接口,它不依赖于外部库,既可以独立运行,也可在运行时使用其他外部库。

② OpenCV 中所有的算法都是基于封装于 IPL 的具有很高灵活性的动态数据结构,而且其中有一半以上的函数在设计及汇编时被 Intel 公司针对其所生产的处理器进行了优化。

③ 提供了一些与诸如 EiC、Ch、MATLAB 等其他语言或环境的接口,这些接口在其安装完之后位于安装目录 opencv/interfaces 下。

④ 不管对于商业还是非商业用途,OpenCV 都是完全免费的,其源代码完全开放,开发者可以对源代码进行修改,将自己设计的新类添加到库中,只要设计符合规范,自己的代码也可以被别人广泛使用。

当然,OpenCV 的优点并不止这些,使用 OpenCV 对开发者来说最大的帮助是,由于 OpenCV 的源代码完全开放,所以程序开发者可以仔细地阅读很多关键算法的源代码来理解图像处理中很多算法的原理及整个实现过程,这对于一个程序开发者来说是非常重要的。此外,OpenCV 为 Intel Integrated Performance Primitives(IPP)供了透明接口。这意味着,如果有为特定处理器优化的 IPP 库,OpenCV 将在运行时自动加载这些库。这样,在具备多核处理器的计算机上,OpenCV 能通过 IPP 库发挥多核处理器的并行处理能力和多线程计算的功能。OpenCV 和 IPP 库的关系如图 7.1 所示。

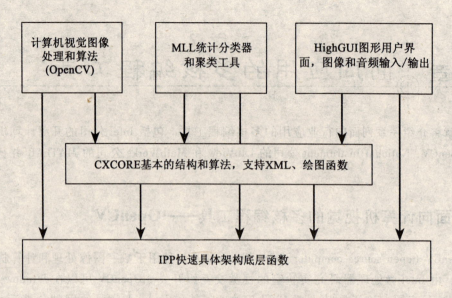

图 7.1　IPP 和 OpenCV 的关系图

## 7.1.2　OpenCV 的主要功能

① 对图像数据的操作包括：分配、释放、复制、设置和转换数据。

② 将图像和视频的输入输出、流文件和摄像头作为输入，图像和视频文件作为输出。

③ 具有对矩阵和向量的操作以及线性代数的算法程序，包括：矩阵积、解方程、特征值以及奇异值等。

④ 可对各种动态数据结构，如列表、队列、集合、树和图等进行操作。

⑤ 具有基本的数字图像处理能力，如可进行滤波、边缘提取、角点检测、采样与差值、色彩转换、形态操作、直方图和图像金字塔等操作。

⑥ 可对各种结构进行分析，包括：连接成分分析、轮廓处理、距离变换、各种矩的计算、模板匹配、Hough 变换、多边形逼近、直线拟合、椭圆拟合和 Delaunay 三角划分等。

⑦ 对摄像头的标定，包括：发现与跟踪标定模式、标定、基本矩阵估计、齐次矩阵估计和立体匹配等。

⑧ 对运动的分析，如对光流、运动分割和跟踪的分析。

⑨ 对目标的识别，可采用特征法和隐马尔柯夫模型（HMM）法。

⑩ 具有基本的 GUI 功能，包括：图像与视频显示、键盘和鼠标事件处理及滚动条等；可对图像进行标注，如对线、二次曲线和多边形进行标注，还可以书写文字（目前只支持英文）。

## 7.1.3　OpenCV 的体系结构

OpenCV 的设计简单易用，其中大部分类及库函数的设计都有其特定的实际应用背景，整个库的体系结构非常简单明了。

## 1. OpenCV 的数据结构

OpenCV 设计了一些基础的数据类型和一些辅助数据类型，基础的数据类型包括：图像类的 IplImage，矩阵类的 CvMat，可变集合类的 CvSeq、CvSet、CvGraph，以及用于多维柱状图的混合类 CvHistogram。帮助数据类型包括：用于表示二维点坐标的 CvPoint，用于表示图像宽和高的 CvSize，用于表示迭代过程结束条件的 CvTermCriteria，用于表示图像转换内核的 IplConvKernel 和用于表示空间力矩的 CvMoments。

在此，仅介绍图像类的 IplImage。通常我们使用 DIB 格式来处理图像，而 OpenCV 库则使用 IplImage 结构体来创建和处理图像，使用此种格式的优点是，可以比 DIB 格式表示更多的图像性质，而且可以很方便地存取图像中的像素值。IplImage 结构体中一些重要的成员代表了图像的基本属性，如 width 代表图像的宽度值，height 代表图像的高度值，depth 则代表图像的比特深度，nChannels 代表图像的通道数。IplImage 的结构定义如下：

```
typedef struct IplImage
{
    int nSize;//IplImage 结构的大小
    int ID;//图像头的版本
    int nChannels;//通道数,支持 2、3、4 通道
    int alphaChannel;//alpha 通道数,OpenCV 忽略此项
    int depth;//图像比特深度,支持位和位的灰度和彩色图像
    char colorModel[4];//颜色模式
    char channelSeq[4];//通道顺序
    int dataOrder;//数据的排列方式
    int origin;//坐标原点,0 代表左上角,1 代表左下角
    int align;//OpenCV 忽略此项
    int width;//图像宽度
    int height;//图像高度
struct IplROIroi;//指向 ROI 结构的指针,不为 NULL 时,表示要处理的图像区域 struct IplImagemaskROI;//OpenCV 中指定为 NULL
    void imageId;//可忽略
    struct IplTileInfotileInfo;//可忽略
    int imageSize;//图像大小
    char imageData;//指向图像数据的指针
    int widthStep;//校准后的行字节数
    int BorderMode[4];//可忽略
    int BorderConst[4];//可忽略
    char imageDataOrigin;//指向完整的没有校准的图像
} IplImage;
```

## 2. OpenCV 的函数体系

OpenCV 中每个函数的命名都以"cv"开始,然后是该函数的行为及目标。例如,用来创建图像的函数 cvCreateImage,载入图像的函数 cvLoadImage。OpenCV 是为图像处理及计算机视觉在实际工程中的应用而设计的一个类库,其中所有的函数都由于其在实际应用中所实现的

不同功能而分属不同的类型,主要的函数类型介绍如下。

(1)基本的图像处理与分析函数

这类函数主要用于实现一些基本的图像处理与分析功能。例如,图像平滑函数 cvSmooth、Sobel 算子 cvSobel、Canny 边缘提取函数 cvCanny 等。

(2)结构分析函数

这类函数包括轮廓处理函数、几何学函数以及平面细分函数。

(3)运动分析与目标跟踪函数

这类函数包括用于运动分析与目标跟踪的函数。例如,背景重建函数 cvAcc,用光流法或动态轮廓模型来实现目标跟踪的函数 cvCalcOpticalFlowBM 和 cvSnakeImage,以及卡尔曼滤波函数 cvKalman 等。

(4)摄像机标定和 3D 重建函数

这类函数包括用于摄像机标定、姿态估计以及从两个摄像机进行 3D 相似重构的函数。

(5)GUI 与视频处理函数

这类函数包括高级图形用户接口 highGUI,用以实现对图像的载入、显示及保存等基本操作,以及用于实现视频输入、输出及处理的函数。

根据上述函数体系,程序开发者可以根据自己开发的应用程序所要实现的功能来方便地选择所需的库函数,从而大大减少开发时间和精力,缩短程序开发的周期。

## 7.1.4 基于 OpenCV 的应用程序的开发步骤与示例

OpenCV 的开发语言是 C++,在用 Visual C++ 开发的项目中,只要正确安装 OpenCV,并在自己开发的应用程序中正确设置和 OpenCV 的连接,就可以直接调用它的图像处理函数。具体可以按以下步骤进行。

(1)安装下载得到的 OpenCV 应用程序

(2)编译所要的静态和动态链接库文件

① 运行 OpenCV workspace > 选择菜单 file > openworkspace > OpenCV.dsw;

② 选择 build > bacthbuild,选择所有项 > 单击 bulid 按钮。

(3)创建一个新的工程

① 选择菜单 File > New... > Projects > Win32 Application 或 Win32 console application;

② 键入自己的项目名称,并且选择存储位置,可以为项目创建一个单独的 workspace(选中"Create new workspace"),也可以将新的项目加入到当前的 workspace 中(选中"Add to current workspace");

③ 单击 Ok > An empty project > Finish;

④ 在工程中添加 OpenCV 相关的头文件,对于自己新建的源文件,源文件中必须包含 cv.h、highgui.h、cvaux.h、cvcam.h 等头文件。

(4)修改工程的配置

① 选择菜单 Project > Settings...,激活项目配置对话框;

② 调节设置,选择 Settings For: > All Configurations,选择 C/C++ > Preprocessor > Additional Include Directories,在其中增加 opencv\cxcore\include, opencv\cv\include, opencv\otherlibs\

highgui 以及可选项 opencv\cvaux\include 等;选择 Link > Input > Additional library path:,输入库所在的路径(由安装地址决定),如 C:\ProgramFiles\OpenCV\lib\cvd.lib,C:\ProgramFiles\OpenCV\lib\hihghuid.lib,C:\ProgramFiles\OpenCV\lib\cvauxd.lib。

(5) 调节 Release 配置

① 选择 Settings For: > Win32Release;

② 选择 Link > General > Object/librarymodules,加入用空格分隔的 cv.lib、highgui.lib、cvaux.lib 等库文件。

设置完毕,即可编写自己的程序,并可在程序中随意调用 OpenCV 类库中的函数。

下面,举例说明在 VC 6.0 下利用 OpenCV 提取图像边缘的实现方法。具体的实现步骤为:先载入一幅图像,把图像由 RGB 色彩模型转换为灰度图像,再对图像按 Canny 算法提取边缘,最后输出边缘提取后的图像,程序清单如下:

```
#include <cv.h>          // OpenCV 图像处理函数包
#include <highgui.h>     //图像界面函数包
#include <stdio.h>

int main( int argc, char** argv)
{
    IplImage * src = 0;
    src = cvLoadImage("1.jpg",1);              //载入图像".jpg"
    // 创建两个灰度图像结构
    IplImage* dst1 = cvCreateImage(cvGetSize(src),IPL_DEPTH_8U,1);
    IplImage* dst2 = cvCreateImage(cvGetSize(src),IPL_DEPTH_8U,1);
    cvUseOptimized(0);                         //打开 IPP 优化功能
    cvNamedWindow("src", 0);                   //创建图像显示窗口
    cvShowImage("src", src);                   //显示图像
    cvNamedWindow("filtering", 0);             //创建图像处理结果显示窗口
    cvCvtColor(src, dst1, CV_RGB2GRAY);        //彩色图像变为灰度图像
    cvCanny(dst1,dst2,100,200,3);              //采用 Canny 算法提取图像边缘
    cvShowImage("filtering", dst2);
    cvWaitKey(0);                              //等待按任一键
    cvReleaseImage(&src);                      //释放图像所占内存
    cvReleaseImage(&dst1);
    cvReleaseImage(&dst2);
    return 0;
}
```

运行结果如图 7.2 所示,其中图(a)为原图像,图(b)为 Canny 边缘提取后的图像。上述程序中 cvUseOptimized 函数用于控制是否使用 IPP 进行多核优化等功能,输入参数 0 则开启 IPP 优化功能,输入参数 1 则关闭 IPP 优化功能。

 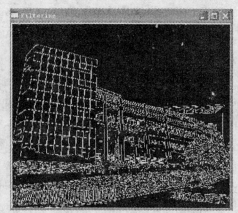

(a) 原图像　　　　　　　　(b) Canny算法提取的图像边缘

图 7.2　二维图像的 Canny 边缘提取

## 7.2　面向检测自动化的多核编程工具——LabView 8.5

### 7.2.1　LabView 8.5 简介

美国国家仪器有限公司（NI，national instruments）于 2007 年正式推出了专用于测试、控制和嵌入式系统开发的 LabView 图形化系统设计平台的最新版本——LabView 8.5。基于 NI 近十年来在多线程技术上的投资，LabView 8.5 凭借其本质上的并行数据流特性，简化了多核应用的开发。随着处理器厂商通过并行多核构架获得性能上的提升，运行在这些新处理器上的 LabView 8.5 可以提供更高的测试吞吐量、更有效的处理器密集型（processor-intensive）的分析，以及运行在指定处理器核上的更可靠的实时系统。LabView 8.5 还通过状态图设计模块（statechart design module）对系统行为进行建模和实现，并提供了专用于工业监控的全新 I/O 库和分析函数，从而将 LabView 平台进一步扩展到嵌入式和工业应用。

NI 总裁、CEO 暨创始人之一 James Truchard 博士表示，工程师和科学家们依靠不断改进的 PC 处理器、操作系统和总线技术，在测控系统中获得更高的性能。随着多核处理器在 PC 上的普及，LabView 的编程人员将受益于一种更简化的图形化方式来进行多线程操作，以尽可能地利用多核处理技术的最大性能，同时却又几乎不用对他们的应用程序作任何修改。

新一代处理器技术日益普遍，工程师和科学家们一个必要的考虑因素就是，他们使用的软件如何从多核系统中获得潜在的性能提升。得益于 LabView 语言的并行数据流特性，用户可以轻松地在多核构架基础上构建他们的应用，进行数据流盘、控制、分析和信号处理操作。LabView 8.5 继承了之前版本的自动多线程功能，可以随着处理核数量的增加提升应用性能，并带来更好的线程安全（thread-safe）驱动和库，来改进 RF、高速数字 I/O 以及混合信号测试应用的吞吐量。此外，LabView 8.5 还在 LabView 实时环境中提供了对称多线程处理（SMP），嵌入式和工业系统的设计人员可以自动地将均衡的任务量分配到各核上，而无需以确定性为代价。用户可以手动将各部分代码分配到特定的处理器核上，来微调实时系统的性能，或者把对时间关键的代码部分隔离在专用核上。为了满足实时多核开发中更多高难度的调试和代码优化要求，工程师和科学家们可以使用全新的 NI 实时执行跟踪工具包 2.0 版（NI Real-Time Execution Trace Toolkit 2.0），可视化地显示代码以及各个线程间和执行代码的处理器核间的定时关系。

LabView 在本质上的并行特性为开发 FPGA 应用提供了一个理想的平台。LabView 8.5 通过更高性能的 FPGA 项目向导（FPGA Project Wizard）继续简化 FPGA 的编程，FPGA Project Wizard 可自动化 I/O 配置、IP 开发，并可以对通用 I/O、计数器/定时器和编码器应用进行总体设置。工程师和科学家们可以实现自动代码生成，或者实现更多复杂的高速 DMA 数据传输代码。此外，LabView 8.5 还提供在机器自动化系统中常用的多通道滤波和 PID 控制函数，极大地为高通道应用节省了 FPGA 资源。

状态图通常用于状态机的设计，来构建实时和嵌入式系统的行为模型，描述数字通信协议、机器控制器和系统保护等应用的事件行为和响应。LabView 8.5 增加了全新的状态图模块，帮助工程师和科学家们使用他们熟悉的、基于统一建模语言（UML，unified modeling language）的高级状态符号，来设计并仿真基于事件的系统。

鉴于 LabView 状态图模块是基于 LabView 图形化编程语言，工程师和科学家们可以在同一个平台上快速地完成系统的设计、原型构造和发布，将熟悉的状态图符号与运行在确定性实时或 FPGA 系统上的实际 I/O 相结合。

通过 LabView，工程师和科学家们可以将更高级的可编程自动化控制器（PAC）集成到现有基于 PLC 的工业系统，在他们的工业系统中增加高速 I/O 和复杂的控制逻辑。LabView 8.5 增加了一系列 I/O，以及在测量和显示方面的改进，适用于构建基于 PAC 的工业系统，包括全新的为 LabView 用户扩展工业连接性的 OPC 驱动库等，几乎将可兼容 PLC 和工业设备的数量增加一倍。

LabView 8.5 还为工业机器监测系统增加了振动和阶次跟踪测量以及机器视觉算法。对于高通道应用，全新的多变量编辑器让用户通过简单的表格界面，快速轻松地配置或编辑上百个 I/O 标签。此外，最新版本的 LabView 引入了全新灵活的管道（pipe）显示工具，来简化构建实际工业用户界面的过程，同时也提供了一种交互的拖放式方法，可以将 I/O 标签直接绑定到基于 Windows CE 的工业触摸屏和手持 PDA 的用户界面显示。

LabView 8.5 的其他特性如下：

① 支持 Freescale ColdFire 处理器和 QNX 操作系统的评估版套装；
② 为基于团队的开发进行项目文件管理工具和图形化代码的整合；
③ 用于性能优化的底层内存管理工具；
④ 全新优化的 BLAS 线性代数库；
⑤ 用于视觉处理的边缘检测以及用于解调器和通道代码设置的多种优化算法；
⑥ 控制设计和仿真上的改进，包括模型预测控制（MPC，model predictive control）和 PID 控制器的解析设计；
⑦ 对 .m 文件脚本提供了更好的支持。

## 7.2.2　LabView 多核编程示例

LabView 是自动多线程的编程语言，LabView 程序员可以不需要了解任何与多线程相关的概念与知识。只要他在 VI 的程序框图上，并排放上两段没有先后关系的代码，LabView 就会自动把这两段代码放在不同的线程中并行运行。而在多核 CPU 的计算机上，操作系统会自动为这两个线程分配两个 CPU 内核。这样,就有效地利用了多核 CPU 可以并行运算的优势。LabView 的程序员在不知不觉中就完成了一段支持多核系统的程序。

图 7.3 显示了一款应用软件中图形代码的两个并行部分在读取文件时,要访问同一个硬盘空间的情形,LabView 能自动运行线程同步。

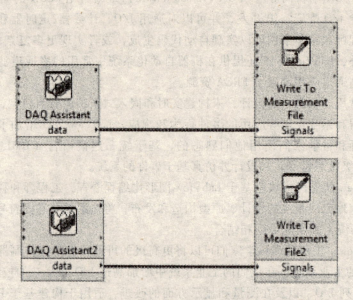

图 7.3　LabView 图形环境下线程自动同步的简单演示

然而,直接利用系统来自动分配 CPU,效率不一定是最高的,如图 7.4(a)所示的一个程序,有数据采集、显示和分析三个模块。三个模块是并行执行的。假设电脑是双核的,于是操作系统分配 CPU0 先作数据采集、CPU1 先做数据显示,等数据采集做完了,CPU0 又会去作数据处理(如图 7.4(b)所示)。数据处理是个任务相对较为繁重的线程,而电脑中一个 CPU 作数据处理时,另一个 CPU 却空闲在那里。这种负载不均衡就造成了程序对于整体系统的 CPU 利用率不高。

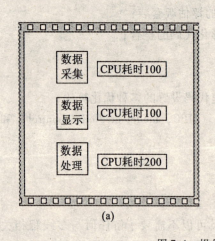
(a)

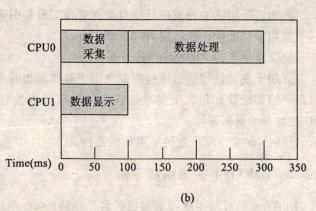
(b)

图 7.4　操作系统为多线程程序自动分配 CPU

对于效率要求极为苛刻的程序,还需要更高效的解决方案。LabView 8.5 提供了一种解决方案,即利用它的定时结构来为程序员人工指定 CPU 的分配方案。

定时结构包括定时循环结构(time loop)和定时顺序结构(time sequence),它们主要用于在程序中精确地定时执行某段代码。但是在 LabView 8.5 中,它们又多了一个新的功能,就是指定结构内的代码运行在哪一个 CPU 上。在图 7.5 中,定时顺序结构左边四边带小爪的黑方块所代表的接线柱就是用来指定在哪一个 CPU 或 CPU 内核上执行的。

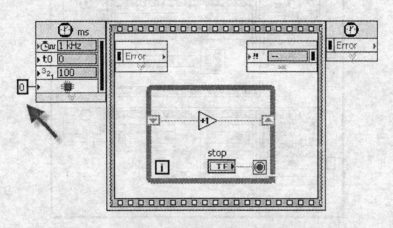

图 7.5 一个时间顺序结构

这个 CPU 设置可以在配置面板(见图 7.6)中静态地指定好,也可以像图 7.5 那样,在程序运行时指定。执行如图 7.3 所示的程序,在 0 和 1 之间切换结构内代码运行的 CPU,就可以在系统监视器中看到指定的 CPU 被占用的情况了。

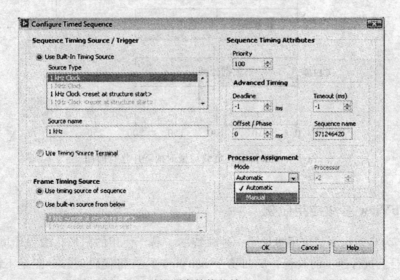

图 7.6 时间顺序结构的输入配置面板

仍以上面那段程序为例,这一次人工地为每个任务指定他们运行的 CPU,结果如图 7.7 所示。

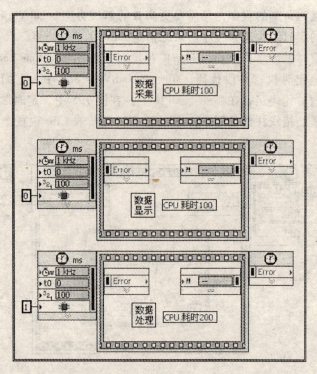

图 7.7 人工指定每个任务运行的 CPU

这样一来,两个耗时较少的任务占用同一个 CPU,耗时较多的任务单独占用一个 CPU。不同 CPU 被分配到的任务比较均衡,程序整体运行速度大大加快,结果如图 7.8 所示。

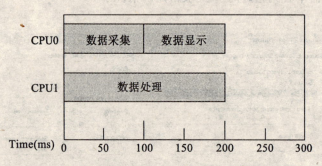

图 7.8 两个 CPU 负载均衡时的程序运行时间

### 7.2.3 LabView 多核应用示例

LabView 为自动化测试应用提供了一种独特的、易于使用的图形化编程环境。然而,其在多核处理器上执行速度的改善,应归功于 LabView 具有将代码动态分配至不同的 CPU 的能力。本节将介绍有关利用 LabView 实现并行的自动化检测应用示例。

NI LabView 软件通过一个直观的、用于创建并行算法的 API,为我们提供了一个理想的多核处理器编程环境,所创建的并行算法可以将多个线程动态分配至一项给定的应用。事实上,用户可以利用多核处理器优化自动化测试应用,以获取最佳性能。而且,NI 在 PXI

Express 的模块化仪器中也增强了这一技术优势，因为这些仪器利用了 PCI Express 总线所能支持的高数据传输速率。本节将介绍得益于多核处理器和 PXI Express 仪器的两个典型应用：多通道信号分析和在线处理，其中，我们将评估各种并行编程技术，并描述每项技术所带来的性能优势。

多通道信号分析是常见的一种自动化测试应用。由于频率分析是一项占用处理器运行时间较多的操作，如果并行运行测试代码，将每个通道的信号处理分配至多个处理器核，则可以提高执行速度。从编程人员的角度来看，为获得这一技术优势，唯一需要改变的只是测试算法结构的细微调整。为描述这一过程，现比较用于多通道频率分析（快速傅立叶变换或 FFT）的两个算法的执行时间，它们分别位于一个高速数字化仪的两个通道上。NI PXIe-5122 14 位高速数字化仪的两个通道均以最高采样率（100MS/s）采集信号。首先，我们来看 LabView 中对应于这一操作的传统顺序编程模型。

**1. 来自数字化仪的两个通道信号频率分析应用**

如图 7.9 所示，两个通道的频率分析均在一个 FFT 快速 VI 中完成，它顺序分析每个通道信号。虽然上述算法也可以在多核处理器环境下有效执行，但是，用户还可以通过并行处理每个通道来进一步提高算法性能。如果用户剖析上述算法，就会发现，完成 FFT 所需的时间要比从高速数字化仪采集数据所需的时间长得多。通过每次获取各个通道的数据并且并行执行各个通道的 FFT，可以显著减少处理时间。图 7.10 表示了一个采用并行方法的新的 LabView 模块框图。

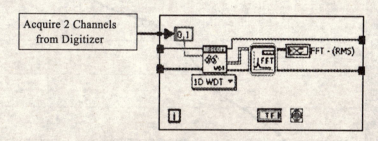

图 7.9　利用顺序执行的 LabView 代码

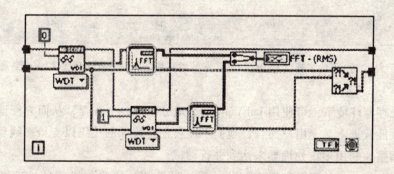

图 7.10　利用并行执行的 LabView 代码

值得注意的是，如果两通道数据的获取来自不同的仪器，那么用户可以彻底并行完成这些操作。对于来自于同一仪器的两通道数据，由于 FFT 占用大量的处理器时间，用户仍可以仅通过将信号并行处理来改善性能，减少总的执行时间。图 7.11 显示了两种实现的执行时间。从图中可见，对于更大的数据块，并行算法方法实现了近两倍的性能改进。图 7.12 描述了性能随采集数据块大小（以采样数为单位）增大而提高的精确百分比。

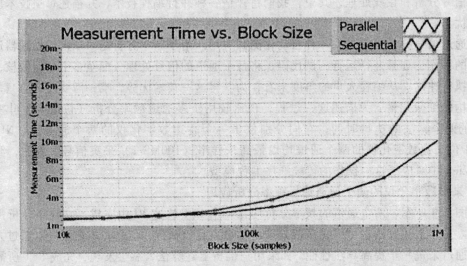

图 7.11　随着数据块大小的增加，通过并行处理节约的处理时间越来越显著

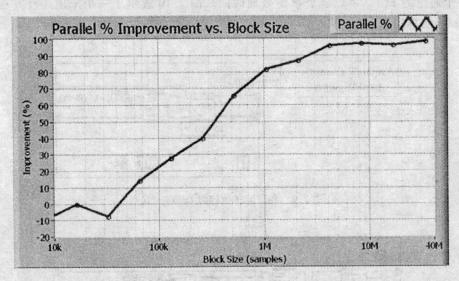

图 7.12　对于大于 100 万的采样（100Hz 精度带宽）数据块，并行方式实现了 80% 或更高的性能增长

在多核处理器环境下，可使用 LabView 动态地分配每一个线程，从而方便地实现自动化测试应用的性能改进。对于用户而言，他们不需要创建特殊的代码以支持多线程，而是通过最少的编程调整，利用多核处理器来达到并行测试。

用户在 LabView 中还可以配置定制的并行测试算法，这些并行信号处理算法可以帮助 LabView 在多个处理器核中划分处理器的用途。图 7.13 描述了对于来自于同一仪器的两通道数据实施并行处理算法的构架。

并行处理要求 LabView 拷贝（或克隆）每个信号处理子例程。在缺省情况下，LabView 的许多信号处理算法配置为"可重入执行"。这就意味着，LabView 将动态分配给每个子例

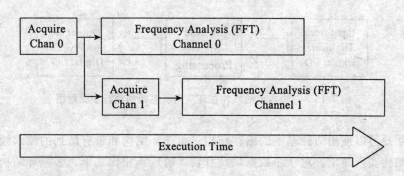

图 7.13  LabView 能够并行处理许多采集数据,从而节省了执行时间

程唯一的实例,包括独立线程和存储空间。因而,用户必须将定制的子例程进行配置,使之工作于可重入方式。用户可以通过 LabView 中一个简单的配置步骤完成这一工作。欲设置这一属性,选择文件菜单下 VI 属性,并选中"执行"栏;然后,选中"可重入执行"标记,如图 7.14 所示。

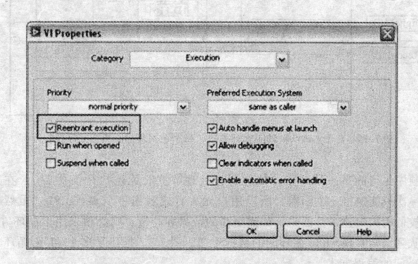

图 7.14  可重入执行配置对话框

通过如图 7.14 所示这一简单设置步骤,用户可以并行执行多个定制的子例程,就如同标准的 LabView 分析函数。因此,在多核处理器环境下,用户可以通过简单的编程技术实现用户的自动化测试应用的性能改进。

**2. 优化在线处理的应用**

得益于并行信号处理技术的又一个应用就是硬件在环(HIL)或在线处理应用。在此情况下,用户可以使用高速数字化仪或高速数字 I/O 模块来采集信号。在用户的软件中执行数字信号处理算法。最后,通过另一个模块化仪器生成结果。图 7.15 描述了一个典型的模块框图。

常见的 HIL 应用包括:在线数字信号处理(如滤波、插值等)、传感器仿真和定制组件模拟。用户可以使用多种技术,以获得在线数字信号处理应用的最佳吞吐量。

图 7.15 一个典型的硬件在环应用所包括的执行步骤框图

通常,用户可以使用两种基本的编程结构:单循环结构和带有队列的流水线式多循环结构。单循环结构实现简单,对于小数据块具有较低时延。相比之下,多循环结构能够支持高得多的吞吐量,因为它们能够更好地利用多核处理器。对于传统的单循环方式,用户顺次组织一个高速数字化仪的读函数、信号处理算法和高速数字 I/O 的写函数。如图 7.16 所示的模块框图,这些子例程中的每一个都必须按照 LabView 编程模型所确定的顺序执行。

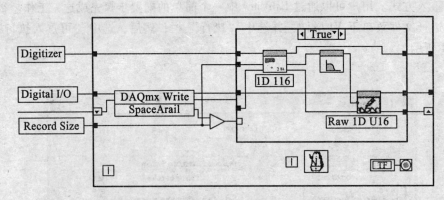

图 7.16 对于 LabView 的单循环方式,每个子例程都必须按顺序执行

由于在顺序执行的每一环节中,处理器在处理数据时无法执行仪器 I/O,在这种方式下,处理器一次只能执行一个函数,所以用户无法有效利用一个多核 CPU。虽然单循环结构可以处理较低的采集速率,但是,如需更高的数据吞吐量,则必须采用多循环方式。多循环架构使用队列结构实现 while 循环间的数据传递。图 7.17 描述了多个 while 循环(带有一个队列结构)间的编程方式。

图 7.17 所表示的是典型的所谓生产者/消费者循环结构。在此例中,一个高速数字化仪在一个循环中持续采集数据,并在每次迭代中将新的数据集传递至 FIFO 队列。消费者循环仅需监视队列的状态,当每个数据集可用时,将其写入磁盘。采用队列的意义在于,这两个循环均可相互独立执行。在上例中,高速数字化仪可以持续采集数据,即使这些数据写入磁盘时存在一定的延迟。与此同时,其他的采样仅需存储在 FIFO 队列中。通常来说,生产者/消费者流水线方法,通过更有效的处理器利用率,提供更高的数据吞吐量。这一技术优势在多核处理器环境下更为显著,因为 LabView 可以动态分配处理器线程至每个处理器核。对于一项在线信号处理应用,用户可以使用三个独立的 while 循环和两个队列结构,实现其间的数据传递。在此应用情况下,第一个循环将从一台仪器采集数据,第二个循环将专门执行信号处理,而第三个循环将数据写入到另一台仪器。

图 7.18 中,最上面的循环是一个生产者循环,它从一个高速数字化仪采集数据,并将其传递至第一个队列结构(FIFO)。中间的循环同时作为生产者和消费者工作。每次迭代

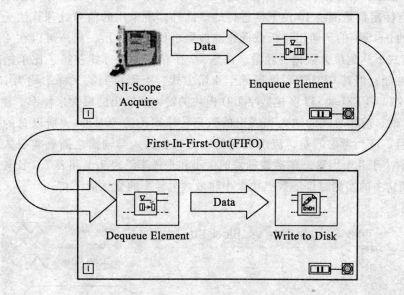

图 7.17　借助队列结构，可以实现多循环间的数据共享

中，它从队列结构中接收（消费）若干个数据集，并以流水线的方式独立对其进行处理。这种流水线方式通过支持高达 4 个数据集的独立处理，实现了在多核处理器环境下的性能改进。注意，中间的循环同时也作为一个生产者工作，将处理后的数据传递至第二个队列结构。最后，最下面的循环将处理后的数据写入高速数字 I/O 模块。并行处理算法改善了多核 CPU 的处理器利用率。事实上，总吞吐量取决于两个因素，处理器利用率和总线传输速度。通常，CPU 和数据总线在处理大数据块时，工作效率最高。而且，我们可以进一步使用具有更快传输速度的 PXI Express 仪器，减少数据传输时间。

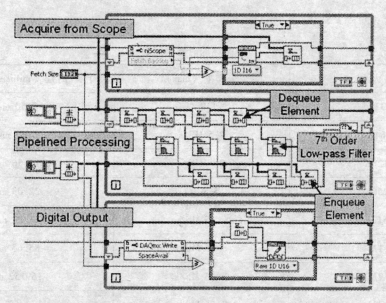

图 7.18　带有多个循环与队列结构的流水线式信号处理框图

图 7.19 描述了最大吞吐量和采样率的关系，采样数据块大小以采样点数来计算。此处所描述的所有标定都是围绕 16 位采样进行的。此外，所采用的信号处理算法为一个截止频率为采样率的 0.45 倍的 7 阶巴特沃兹低通滤波器。如数据显示，用户可以在 4 阶流水线式（多循环）方式下达到最大数据吞吐量。注意，2 阶信号处理方式获得了比单循环方式（顺序）更好的性能，但其 CPU 的利用率低于 4 阶方式。上面所列的采样率均为 NI PXIe-5122 高速数字化仪和 NI PXIe-6537 高速数字 I/O 模块的输入和输出的最大采样率。注意，当采样率为 20MS/s 时，应用总线的输入和输出的数据传输率均为 40MB/s，所以总的总线带宽为 80MB/s。而且，应当考虑的是，流水线式处理方式在输入与输出之间确实引入了时延。所引入的时延取决于几个因素，包括数据块的大小和采样率。表 7.1 和表 7.2 比较了单循环和 4 阶多循环架构中的实测时延随数据块大小和最大采样率的变化情况。

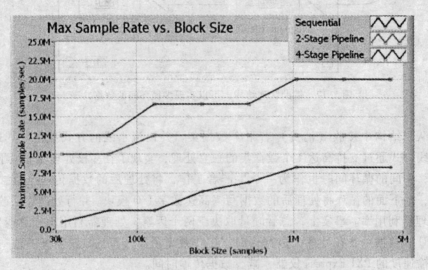

图 7.19　多个循环结构与单循环结构吞吐量比较框图

表 7.1　　　　　　　　　　　单循环的时延对照表

| 块大小 | 采样率（max） | 时延（milliseconds） |
| --- | --- | --- |
| 32K | 1MS/s | 2.50 ms |
| 64K | 2.5 MS/s | 5.62 ms |
| 128K | 2.5 MS/s | 11.56 ms |
| 256K | 5 MS/s | 22.03 ms |
| 512K | 6.25 MS/s | 44.22 ms |
| 1M | 8.25 MS/s | 85.63 ms |
| 2M | 8.25 MS/s | 169.52 ms |
| 4M | 8.25 MS/s | 199.62 ms |

表 7.2　　　　　　　　　　　　**4 阶流水线的时延对照表**

| 块大小 | 采样率（max） | 时延（milliseconds） |
|---|---|---|
| 32K | 12.5 MS/s | 38.78 ms |
| 64K | 12.5 MS/s | 45.41 ms |
| 128K | 16.67 MS/s | 38.27 ms |
| 256K | 16.67 MS/s | 44.86 ms |
| 512K | 16.67 MS/s | 55.17 ms |
| 1M | 20 MS/s | 148.85 ms |
| 2M | 20 MS/s | 247.29 ms |
| 4M | 20 MS/s | 581.15 ms |

从表中可见，当 CPU 的使用率接近 100% 时，时延也随之增加。这一点在采样率为 20MS/s 的 4 阶流水线范例中尤为明显。相比之下，任何一个单循环范例的 CPU 使用率都几乎不会超过 50%。

总之，基于 PC 的仪器系统，如 PXI 和 PXI Express 模块化仪器，从多核处理器技术的进步和数据总线速度的提高中获益匪浅。当新型 CPU 通过添加多个处理核改进性能时，并行或流水线式处理结构在最大化 CPU 效率时是必须的。幸运的是，LabView 通过将需要处理的任务动态分配至每个处理核，解决了这一编程难题。如上所述，用户可以通过将 LabView 算法结构化以利用并行处理，实现性能的显著提高。

## 7.3　面向科学计算的多核编程工具——MATLAB 分布式计算工具包

MathWorks 公司在 2004 年之前没有自己的并行工具包，但在 2004 年 MATLAB Distributed Computing Tools v1.0 发布后，情况得到了改变。本节将对 Distributed Computing Tools 的发展、功能和多核编程作一些简单的介绍。

### 7.3.1　MATLAB 分布式计算工具包简介

美国 MathWorks 公司的 MATLAB 作为理工类数据运算软件已经得到广泛普及。利用多个处理器对其进行并行运算的构想早在十多年前就有。不过，当时计算机价格太高。在 2004 年以后，MATLAB 分布式计算工具包才在市场上亮相。

"十几年前 4 000 万美元一台的超级计算机，如今利用 4 000 美元一台的电脑群集就能实现它的运算能力。提供并行与分析处理的 MATLAB 的环境已经成熟。"（MathWorks 高级工程经理 Loren Dean）MathWorks 公司 2004 年推出了第一代（v1.0）并行与分布式处理产品 Distributed Computing Tools（DCT）。

DCT v1.0 使得多个 MATLAB 用户能够共享一个计算机集群，加快 MATLAB 的处理速度。DCT v1.0 的主要功能为：将待处理任务分配给多台计算机，可使采用不同运算结构的 MATLAB 用户共享同一个计算机群集的许可方式。DCT 由用户端运行的"Distributed Computing Toolbox"和群集端运行的"MATLAB Distributed Computing Engine"（包括调度程序）组成。

DCT v2.0 是 2005 年发布的。DCT v1.0 不能在群集计算机上运行的任务之间相互通信，而 DCT v2.0 则可以。相互通信功能是利用 Message Passing Interface（MPI）实现的。对于使用 DCT v2.0 开发出了利用多台计算机进行并行与分布式处理的应用程序，并想利用 MATLAB 验证其功能和性能的用户而言，使用 DCT 更方便。另外，DCT v2.0 不仅可使用 MathWorks 开发的调度程序，还可以使用加拿大平台计算公司（Platform Computing）的调度程序 Platform LSF。

不过，为了使用 MPI 进行并行运算，用户需要单独指定其动作。因此，对于缺乏程序并行化知识的大部分用户而言，门槛很高。2006 年发布的 DCT v3.0，使得普通的 MATLAB 用户也能享受到并行与分布处理所带来的好处。也就是说，对于 MATLAB 所支持的部分函数（约 150 个），它能够自动为多个电脑群集分割或分配大型数据。同时，在 DCT v3.0 中，还增加了所支持的第三方调度程序。比如，现已能够使用微软的 Windows Compute Cluster Server（CCS）调度程序。

DCT 的最新版本是 2007 年发布的 DCT v3.1，它不仅能够使用 PC 群集（连接多个 PC），还将能够使用多内核（每个芯片配备多个处理器内核）和多处理器（每台计算机配备多个处理器芯片）技术。DCT v3.1 提供了更高的性能和大型数据集处理能力，其中包括了针对多核系统和 64 位 Solaris 平台的多线程计算支持。"分布式计算工具"现在提供的功能可用于开发能插入并行和串行代码的应用程序，并通过运行 4 个本地 MATLAB 会话在台式机上交互式制作并行算法的原型。这些增强功能让今天的工程师和科学家不依赖可执行的资源即可开发并行应用程序，帮助他们在更短的时间内开发越来越复杂的建模系统。运用 MATLAB 和 "分布式计算工具"可以获得更多计算能力，这些应用程序不用改变任何代码，通过利用 MATLAB 分布式计算引擎即可调整到计算机集群，这些应用程序也可以包括在台式机上执行的串行代码。另外，借助多线程功能，使用元素智能（element-wise）和线性代数函数的 MATLAB 应用程序，可通过同时运行多线程来提升性能，从而充分利用多核机器。最后，借助 64 位 Solaris 支持，使用 MATLAB 的工程师还可以利用 64 位计算的优势来开发涉及大型数据集和计算密集型任务的应用程序。

正如 MathWorks 并行计算营销经理 Silvina Grad-Freilich 所说："使用全新的分布式计算工具包增强功能，用户只需改变少量代码或不改变任何代码即可扩充其 MATLAB 程序来利用集群，同时又能在他们熟悉的交互式 MATLAB 环境中工作。新的并行回路结构可以让用户非常方便地直接在 MATLAB 命令提示符中分配工作。这些新功能增强了工程师和科学家解决问题的能力，同时又不会让并行编程过度复杂。"

## 7.3.2 分布式计算工具包的主要功能

分布式计算工具包可以在多处理器计算环境中使用 MATLAB 和 Simulink 解决计算、数据密集型问题。使用该工具包可以在多处理器环境下解决包含几个单独工作或单个大型计算的问题。这些处理器可以驻留在一个多处理器计算机上，当工具包配合 MATLAB 分布式计算引擎时，也可以驻留在计算机集群上。

该工具包提供高级构造，如并行 for 循环、并行算法、基于 MPI 的函数以及用于作业和任务管理的低级构造。并行命令窗口提供熟悉的、用于开发并行应用程序的 MATLAB 交互式环境。也可以在批处理环境中脱机执行分布式和并行应用程序。同时，该工具包提供用于点对点通信和广播通信的基于 MPI 标准（MPICH2）的多个功能。该工具包的主要功能有：

① 分布式和并行执行应用程序；
② 交互式和批处理执行模式；
③ 分布式数组（darray）、并行算法和并行 for 循环（parfor）；
④ 基于 MPI（MPICH2）标准的内部作业（worker）消息传递支持；
⑤ 在桌面上本地管理 4 个作业（worker）的能力；
⑥ 与 MATLAB 分布式计算引擎集成，用以开发使用任何作业调度程序（scheduler）或任何数量作业的基于集群的应用程序。

利用分布式计算工具包开发分布式和并行应用程序时，该工具包使应用程序能够在包含最多 4 个本地作业的桌面进行原型开发，并且通过 MATLAB 分布式计算引擎，这些应用程序可以被调整到一个集群上的多台计算机。

### 7.3.3 分布式计算工具包的基本编程

**1. 编程入门**

并行计算产品可以让用户将一个 MATLAB 会话（客户端，client）分配给其他不同的会话，这些会话被称为工作端（workers）。用户可以使用多个工作端来发挥并行计算的优势。可以使用一个工作端来利用其他计算机的速度，或者只是为了使用户的源 MATLAB 客户端会话保持空闲。

"并行计算工具包"软件允许用户在本地计算机上运行多达 4 个工作端会话，外加 1 个客户端会话。"MATLAB 分布式计算服务器"软件允许用户在远程计算机组上运行最多至软件允许数量的工作端会话。

（1）判断产品安装和版本

为了判断并行计算工作包软件在系统上是否已经安装，可以在 MATLAB 提示中键入如下命令：

　　ver

输入这个命令后，MATLAB 会显示正在运行的 MATLAB 程序的版本信息，包括系统中已经安装的所有工具包的列表和它们的版本号。

可以将 ver 命令当作分布式或并行应用的一部分来运行，从而判断工作端电脑上运行的 MATLAB 分布式计算服务器软件是什么版本。应当注意的是，所有运行在一起的客户端和工作端计算机所用的产品应该是同一版本的。

DCT 的典型应用包含 for 循环的并行、工作的分配和大数据组的处理几个方面。

1）for 循环的并行。

许多程序都包括多个代码段，有些是重复性的。这些程序都可利用 for 循环来处理。在一个计算机或一个计算机组上进行并行运算可以极大地改进如下一些应用的性能。

① 参数扫描应用。

许多迭代：一个包含许多次迭代的扫描可能会消耗很长时间。尽管一次迭代运行的时间很短，但要顺序完成成千上万的计算就需要很长时间了。

长迭代：一个扫描可能没有太多的迭代，但每个迭代都要很长的时间。

通常，不同次的迭代之间的区别仅仅在于它们不同的输入。在这种情况下，同时运行几个单独的扫描迭代可以提高计算的性能。并行的求解这些迭代是扫描大的或多个数据组的理想方法。并行循环唯一的限制就是一个迭代不可以和其他迭代有关联。

② 独立程序段的测试组。对于一个运行一系列不相关的任务的应用来说，用户可以在不同的资源上同时运行这些任务。用户也许没有为一个包含几个不同的任务的应用用过 for 循环，但是并行的 for 循环可以提供这个问题的理想的解决方案。

"并行计算工具包"软件通过允许几个 MATLAB 工作端同时执行不同的循环迭代，提高了这些循环的执行效率。比如，一个有 100 次迭代的循环可以在一组 20 个工作端上同时运行，这样，每个工作端只需要计算 5 次迭代。由于通信的开销和网络传输，用户也许不能完整地得到这 20 倍的性能提高，但这种提高确实是非常显著的。即使在与客户端相同的电脑上运行各个工作端，在多核/多处理器的电脑上，这种方式也可以实现很大的性能提升。所以，不管用户的循环是因为有很多次迭代而需要运行很长时间，还是因为每次迭代都要运行很长时间而使得循环耗时很长，都可以通过将循环分配给多个工作端来提高循环的运行速度。

2）工作的分配。

当在一个 MATLAB 会话中进行交互工作时，用户可以将工作分配给 MATLAB 的工作端。执行分配的命令是异步的，这意味着当前的 MATLAB 会话不会受阻碍，并且在 MATLAB 工作端求解代码的时候，用户可以继续运行当前的交互会话。MATLAB 工作端可以在与客户端相同的机器上运行，也可以在远程计算机组上运行。

3）大数据组的处理。

如果有一个对用户的内存来说过大的数组，则它很难只用一个 MATLAB 会话来处理。"并行计算工具包"软件允许在多个 MATLAB 工作端中分配这个数组，这样，每个工作端只处理这个数组的一部分。而且，用户仍然可以将这个数组当做一个完整的实体来处理。每个工作端只处理它自己那部分的数组，有需要的时候，它们会自动进行通信，如在进行矩阵乘法的时候。为了可以直接处理分布式的数组，一大批的矩阵操作和矩阵函数已经被改进，其中许多函数的用法没有什么改变。详情可参见 DCT 手册中"MATLAB 分布式数组函数的使用"和"MATLAB 构造器函数的使用"的介绍。

(2) 典型问题

与典型应用相对应的典型问题包括循环的交互式并行执行、工作的分配、并行循环的批处理和分布式数组以及并行模式（pmode）等几个方面。

1）循环的交互式并行执行。

下面将介绍如何将一个简单的 for 循环修改成并行的。这个循环并没有很多次的迭代，也不需要很长时间，但其中的道理是可以用在大的循环上的。

① 假如用户的代码是要创建一个正弦函数并绘出其波形，其 MATLAB 代码如下：

```
clear A;
for i = 1:1024
    A(i) = sin(i* 2* pi/1024);
end
plot(A);
```

② 为了交互式地运行一段带有并行循环的代码，首先要创建一个 MATLAB 池。这个操作划出一组工作端会话来运行循环迭代。MATLAB 池包含的会话可以是运行在本地计算机上的，也可以是运行在远程计算机组上的：

```
matlabpool open;
```

③ 预留了 MATLAB 池之后，用户就可以用一个 parfor 声明将代码修改成并行的循环了。

```
clear A;
parfor i = 1:1024
    A(i) = sin(i*2*pi/1024);
end
plot(A);
```

这段代码和①中的代码唯一的不同就是将关键词 for 换成了 parfor。当循环运行完毕之后，产生的结果和用 for 循环的相同。图 7.20 是循环并行化的一个示意图。

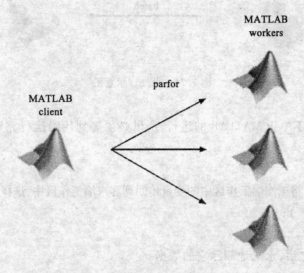

图 7.20  并行化示意图

由于这些迭代是在并行的会话中同时运行的，所以每个迭代都要和其他迭代完全不相关。计算元素 A（100）的工作端也许和计算 A（500）的工作端是不同的。由于没有顺序保证，所以 A（900）也许会比 A（400）先被计算出来（MATLAB 编辑器可以帮助识别出一些 parfor 语句含有相关迭代的问题）。在所有工作端将结果返回，并且循环运行完毕之后，唯一可以访问所有数组元素值的地方只有客户端。

④ 在运行完代码之后，要关闭 MATLAB 池，释放工作端：

```
matlabpool close;
```

本节的各个例子是运行在 4 个本地工作端上的，这也是默认的位置和数量。运用并行配置项，用户可以决定工作端的数量，并决定它们是在本地运行还是远程运行。

2）工作的分配。

可以使用 batch 命令来将 MATLAB 会话的任务分配到其他会话上。下面的例子使用一个 M-file 脚本中的和前述相同的 for 循环来展示如何分配。

① 键入如下命令来创建一个脚本：

```
edit mywave
```

② 在 MATLAB 编辑器中键入 for 循环的如下代码：

```
for i = 1:1024
    A(i) = sin(i*2*pi/1024);
end
```

③ 保存文件,退出编辑器。

④ 在 MATLAB 命令窗口中键入 batch 命令,使脚本在一个独立的 MATLAB 工作端上运行(见图 7.21)。

job = batch('mywave');

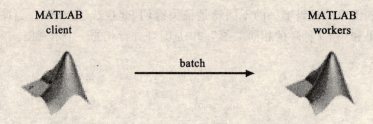

图 7.21 批处理示意图

⑤ batch 命令并不中止 MATLAB 的运行,所以必须等到代码运行完毕才能取回和查看它的结果:

wait(job);

⑥ load 命令可以将工作端工作区中的变量传回到客户端工作区中,这样就可以查看结果了:

load(job, 'A');

plot(A);

⑦ 当工作完成之后,永久地删除它的数据:

destroy(job);

3)并行循环的批处理。

用户可以将工作的分配和并行运行结合起来。在前两个例子中,用户将一个 for 循环修改成了并行的,并用批处理工作的方式提交了一个带有 for 循环的脚本。下面的例子将两者结合起来形成一个批处理的并行循环,如图 7.22 所示。

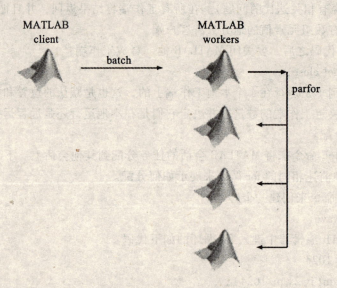

图 7.22 并行化示意图

① 在 MATLAB 编辑器中打开脚本：
    edit mywave
② 修改脚本，将 for 变成 parfor 声明：
    parfor i = 1: 1024
    A(i) = sin(i* 2 * pi/1024);
    end
③ 保存脚本，退出编辑器。
④ 像前面一样，用 batch 命令运行脚本，但要标明使用 MATLAB 池运行脚本的并行循环：
    job = batch('mywave', 'matlabpool', 3);
这个命令指明用 3 个工作端来求解循环迭代。当运行本地工作端的时候，最大的工作端数目是 4，其中有一个要运行批处理脚本，所以有 3 个可以用来求解迭代。
⑤ 使用如下命令查看结果：
    wait(job);
    load(job, 'A');
    plot(A);
程序的结果看起来和前面的没有什么不同，但在运行的过程中有两个重要的差别：
第一，定义 parfor 循环和累积其结果的工作被分配到了另一个 MATLAB 会话中（批处理）；
第二，循环迭代从一个工作端被分配到其他几个同时运行的工作端中（MATLAB 池和 parfor），所以循环可能运行得更快。对于双核的 CPU 而言，一个工作端会对应一个 CPU 内核，这样会加快运行。
⑥ 当工作完成后，永久删除其数据：
    destroy(job);
4）分布式数组和并行模式（pmode）。
分布式的数组被划分在几个 MATLAB 共组工作端中，所以所有的工作端都不需要在存储器中存储整个数组，也不需要每个元素都计算。分布式数组可以有效地利用计算机组的并行计算和存储器资源的优势。
在 MATLAB 并行模式（pmode）中，用户可以交互地处理分布式数组。要了解更详细的并行模式在计算机上运行工作的方法，请参见 MATLAB DCT 手册。

**2. 编程方法**

由于篇幅的限制，下面主要介绍 for 循环的并行编程和有关并行模式的编程方法。
（1）for 循环的并行编程
1）for 循环的并行编程介绍。
MATLAB 软件中并行的 for（parfor）循环的基本理念和标准 MATLAB 中的 for 循环的理念是一样的：MATLAB 对一定范围内的数值执行一系列的声明（循环体）。parfor 循环的一部分在客户端（parfor 循环被提出的地方）上运行，另一部分在一些工作端上并行地运行。parfor 循环所操作的必要的数据由客户端发送到工作端，由工作端完成大部分的计算，然后将各个结果返回客户端并综合在一起。
因为 parfor 循环的几个工作端可以同时进行计算，所以它比功能相同的 for 循环性能高出很多。

每次对 parfor 循环体的执行都是一次迭代。MATLAB 工作端求解这些迭代的时候没有特定的顺序，彼此之间也不相关联。因为迭代是不相关的，所以没有任何迭代的同步保证，也没有这个必要。如果工作端的数目和迭代的数目相同，则每个工作端运行循环的一个迭代。如果迭代的数目比工作端的数目多，则某些工作端要运行多于一个的迭代，在这种情况下，一个工作端会一次接收到多个迭代以减少通信的时间。

2）什么时候使用 parfor。

parfor 循环在用户的循环包含许多运算简单的迭代的时候很有用，如蒙特卡罗模拟。parfor 将循环分成几个部分，每个工作端运行迭代总数目的一部分。parfor 循环在迭代需要很长时间的时候，显得很有用，因为多个工作端可以同时运算。

当循环中有一个迭代和别的迭代的结果有关联时，用户不能使用 parfor 循环。因为每个迭代都必须独立于所有其他迭代。由于迭代过程中有通信开销，所以如果用户的迭代只有不多的简单运算，使用 parfor 并没有什么好处。本例着重解释 parfor 循环的各种行为，但没有说明什么样的应用最适合 parfor 循环。

3）设置 MATLAB 资源——matlabpool。

用户可以使用 matlabpool 函数来划出一部分工作端来执行接下来的 parfor 循环。这些工作端可能是远程工作组上的，也可能是本地的，这取决于用户的调度程序。用户可以使用一个平行配置项来指定调度程序和工作端。

作为本示例的开始，首先使用如下命令划分几个本地工作端来运行用户的 parfor 循环：

  matlabpool

这个命令在默认的情况下是启动 4 个客户端上的本地工作端。

如果 matlabpool 没有运行，那么本地计算机将一次一个地运行迭代且不考虑它们的顺序。

4）创建一个 parfor 循环。

parfor 循环最安全的设想就是用不同的工作端求解不同的迭代。如果有一个循环，它的各个迭代之间没有任何关联，那么它就很适合应用 parfor 循环。如果一个迭代需要另一个迭代的结果，那这个循环的各个迭代之间就不是不相关的，这个循环要使用 parfor，就要经过比较困难的修改。

下面的两个例子产生的是相同的结果，左边的程序是用的 for 循环，右边用的程序是 parfor 循环。在 MATLAB 命令窗口分别键入它们。parfor 循环中的圆括号是必须的，请确保键入它们。

```
clear A                 clear A
for i = 1:8             parfor i = 1:8
A(i) = i;               A(i) = i;
end                     end
```

请注意，每个数组元素的值都和它的下标相等。这里可以使用 parfor 循环，因为每个数组元素只和它自己的迭代有关系，而和其他迭代没关系。像这样重复执行不相关运算的 for 循环，都可以改成 parfor 循环。

5）for 循环和 parfor 循环的不同点。

由于 parfor 循环和 for 循环不尽相同，所以 parfor 循环有几个特殊的行为需要注意。如上例中看到的，当在循环中通过使用循环变量检索数组元素的方式来对数组变量（如上例中的 A）进行赋值时，这个数组的值在循环结束后是可用的，这和 for 循环是相同的。

但是，请注意当在循环中使用的是不可检索的变量，或者变量的标号和循环变量没有关系时的情况，请试验以下两个程序，并注意 d 和 i 的值：

```
clear A                clear A
d = 0;i = 0            d = 0;i = 0;
for i = 1:4            parfor i = 1:4
d = 1*2;               d = i*2;
A(i) = d;              A(i) = d;
end                    end
```

两个程序中的 A 的结果是相同的，但是 d 的结果却不同。在左边的 for 循环中，由于迭代是顺序执行的，所以 d 的值是执行最后一个迭代时得到的值。在右边的 parfor 循环中，由于迭代是并行地、无序地计算的，所以 d 最后的值是不确定的。这种情况也同样适用于变量 i。所以，parfor 循环的行为是被限制的，以使循环外的 d 和 i 不受影响，值也在循环前后保持不变。所以，parfor 循环要求各个迭代之间不相关，并且所有使用 parfor 循环的代码也和迭代被执行的次序无关。

6）简化赋值。

下面两个例子显示使用简化赋值的 parfor 循环。简化的是一个循环迭代的加法。左边的程序使用 x 来计算循环的 10 次迭代的总和；右边的例子产生了一个 1 到 10 连续的数组。在两个例子中，工作端上的各个迭代的执行次序都不重要，工作端计算单个的结果，客户端将这些结果正确地累加或集合。

```
x = 0;                 x2 = [ ];
parfor i = 1:10        n = 10;
x = x + i;             parfor i = 1:n
end                    x2 = [x2,i];
                       end
```

如果循环的迭代运算是无序的，那么右边程序中的 x2 应该是不连续的。但是，MATLAB 识别出了这个连续操作并给出了正确的结果。

下面列举的这个尝试计算 feibonaqie 数列的例子，就不是一个有效的 parfor 循环，因为 f 的一个元素的值和 f 另一个元素的值有关联。

```
f = zeros(1,50);
f(1) = 1;
f(2) = 2;
parfor n = 3:50
f(n) = f(n-1) + f(n-2);
end
```

注意，当结束了循环的程序，请关闭工作区并关闭和释放池里的工作端，执行如下：

```
clear
matlabpool close
```

7）关于 parfor 循环的限制和编程的注意事项。

① parfor 循环的 MATLAB 路径。所有执行同一个 parfor 循环的工作端必须有和客户端同样的 MATLAB 路径配置，这样，它们才能执行循环中调用的各个函数。所以，不论什么时候对客户端使用 cd、addpath 或 rmpath 命令，如果可能的话，它们都同时作用在各个工作端上。如果工作端和客户端没有运行在相同路径下，可用 pctRunOnAll 函数正确地设置所有工作端的路径。

② 错误处理。当 parfor 循环的执行出现错误的时候，所有正在计算的迭代都被停止，后面的迭代计算也不能启动，整个循环被停止。

工作端产生错误和警告信息会带着工作端编号，按照它们被客户端 MATLAB 接收到的顺序显示在客户端的命令窗口中。

parfor 循环最后的 lastwarn 或 lasterror 的行为是不确定的。

③ 各种限制。

（a）明确的变量名：在 parfor 循环中不能带有模糊的变量名，比如，在阅读代码时不能确定它们是变量名还是在调用函数。在下面的例子中，如果 f 没有被明确地定义，f(5) 就可以是 f 数组的第 5 个元素，也可以是带有参数 5 的 f 函数的调用。

```
parfor i = 1: n
...
a = f(5);
...
end
```

（b）透明性：parfor 的循环体必须是透明的，也就是说，所有变量的引用都必须"可见"，如它们都出现在程序的代码中。在下面的例子中，由于在 parfor 循环体中，变量 X 不是可见的输入变量（只有字符串 X 被输入），所以 X 没有被传至工作端。MATLAB 在运行时会给出警告。

```
parfor i = 1:4
eval('X');
end
```

其他违反透明性原则的有 evalc、evalin 和 assignin 等 workspace 参数标志为"caller"的函数；save 和 load 也在此列，除非 load 函数的输出是被指定了的。MATLAB 可以执行在 parfor 循环体中被调用的函数中的 eval 和 evalc 声明。

（c）不可分配函数：如果在 parfor 循环体中或在被循环体调用的函数中，使用了不是计算性质的函数（如 input、plot 和 keyboard），这个函数的行为会由工作端来完成。其结果有可能使工作端被挂起或产生不可预见的影响。

（d）嵌套函数：parfor 循环体不能引用嵌套函数，但它可以使用函数句柄的方法来调用嵌套函数。

parfor 循环的嵌套：一个 parfor 循环体中不能含有另一个 parfor 循环，但是可以在 parfor 循环体中调用带有 parfor 循环的函数。

停止和返回声明：parfor 循环体中不能包含 break 和 return 声明。

全局和持续变量：parfor 循环体中不能有 global 或 persistent 变量。

8）与以前版本的 MATLAB 软件之间的兼容性。

7.5 版（R2007b）以前版本的 MATLAB 软件的 parfor 函数比 7.5 版及 7.5 版以后版本的

MATLAB 软件提供的 parfor 函数有更多的限制。这种老风格的 parfor 是用来为并行工作中的分布式数组使用的,现在已经被使用 drange 来定义范围的 for 循环代替了。以前版本和现在版本的 parfor 关键词的功能在表 7.3 中列出。

表 7.3　　　　7.5 版以前版本和现在版本的 parfor 函数的功能比较

| 功能 | 7.5 版以前 | 目前版本 |
| --- | --- | --- |
| 为并行工作中的分布式数组使用的并行循环 | parfor i = range<br>loop body<br>…<br>end | for i = drange(range)<br>loop body<br>…<br>end |
| 为工作的绝对分配使用的并行循环 | 不能执行 | parfor i = range<br>loop body<br>…<br>end |

（2）交互式并行模式

MATLAB 软件的交互式并行模式使用户可以和同时运行在几个库上的并行工作进行交互。在并行命令窗口的 pmode 提示行中键入的命令会被所有的库同时执行,每个库都在它自己的工作区中对它自己的变量执行这些命令。

各个库保持同步的方法是：当一个库执行完一个命令或声明时,就进入空闲状态,直到其他库都执行完相同的命令或声明,只有当所有的库都进入空闲状态,它们才同时进入下一命令的执行。下面我们通过实例来说明交互式并行模式的使用。

该例子使用了本地调度程序,并使用了在 MATLAB 软件客户端的本地库。它不需要额外的工作组或调度程序。它的步骤包括了对 pmode 提示行的使用,以键入用户在并行模式下的命令。

① 使用 pmode 命令启动并行模式（pmode）：

　　pmode start local 4

这个命令启动了 4 个本地库,创建了一个并行工作来使用这些库,同时打开了 4 个并行命令窗口（见图 7.23）。

用户可以控制命令历史出现的位置。在本例中,这个位置是通过点击 Window > History Position > Above Prompt 进行设置的,但也可以根据自己的喜好进行设置。

② 为了说明在 pmode 提示行中键入的命令会被所有库执行,查找某函数的帮助信息：

　　P >> help magic

③ 在 pmode 提示行中设置某个变量。注意,这个值的设置在所有库中都执行（见图 7.24）。

④ 一个变量不一定在所有库中都是相同的值。labindex 函数可以将运行这个并行工作的每个库都由特有的 ID 号返回。在本例中,变量 x 在各个库的工作区中所拥有的值是不同的。

　　P >> x = labindex

图 7.23  4 个并行命令窗口示例

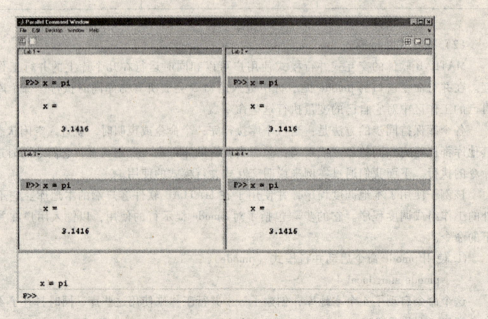

图 7.24  变量设置并行命令窗口运行示例

⑤ 使用 numlabs 函数可以返回当前并行工作所用库的总数：

P >> all = numlabs

⑥ 在所有的库中都创建一个相同的数组（见图 7.25）：

P >> segment = [ 1 2 ; 3 4 ; 5 6 ]

⑦ 根据库号，为每个库中的数组赋予不同的值。由于每个库中的数组值都不同，所以这是一个变化数组（见图 7.26）。

P >> segment = segment + 10 * labindex

⑧ 直到这一步，各个变化数组都是独立的，除了有相同的名称。使用 distributed 函数，

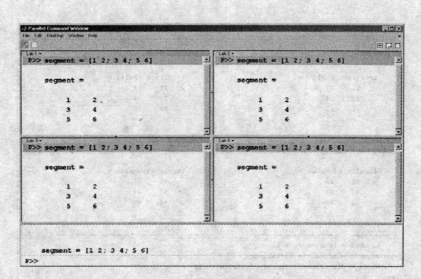

图7.25 数组创建并行命令窗口运行示例

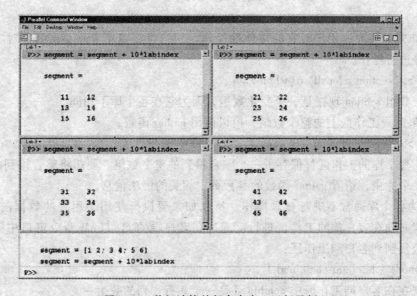

图7.26 数组计算并行命令窗口运行示例

将各个数组合并成一个连贯的大数组,并在各个库之间分配(见图7.27)。

  P >> whole = distributed(segment, distributor())

  这个命令将 4 个 3 行 2 列数组合并成一个分布式的 3 行 8 列的分布式数组。没有参数的 distributor() 函数指的是数组将按照最后一个非奇数维度划分分布式数组,在本例中就是按列划分。在每个库中,segment 命令提供了整个数组的本地部分,所以 segment 和 local(whole) 函数在每个库中都显示相同的结果。

  ⑨ 现在,当对整个分布式数组 whole 进行操作时,每个库只运算它自己的一部分,而不是整个数组。

  P >> whole = whole + 1000

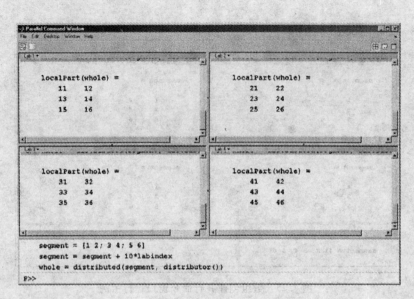

图 7.27 数组分配并行命令窗口运行示例

⑩ 分布式数组允许用户对它的整体性操作，用户也可以用 localpart 函数对它的某个库上的一部分进行操作。

  P >> section = localPart( whole)

所以，数组 section 现在是一个变化数组，因为它在各个库不相同。

⑪ 如果需要工作区上的整个数组，可以使用 gather 函数：

  P >> combined = gather( whole)

注意，每个库的工作区都保存了一个整合得到的整个数组。要想将整合得到的整个数组只保存在一个库中，请看 gather 函数的参考页中相关的语法信息。

⑫ 因为各个库通常不进行显示操作，所以如果要执行使用了用户的数据的绘图任务，如绘图，就必须在客户端的工作区进行。通过在客户端的 MATLAB 命令窗口中键入如下命令来把数组复制到客户端工作区：

  pmode lab2client combined 1

要注意，现在在客户端工作区中 combined 是一个 3 行 8 列的数组：

  whos combined

要查看数组，键入它的名字：

  combined

⑬ 许多和本例情形相似的矩阵函数也可以用分布式数组来操作。比如，eye 函数可以创建一个指定的矩阵，同样可以在并行命令窗口的提示行中使用如下命令来创建一个指定的分布式矩阵：

  P >> distobj = distributor( );
  P >> I = eye(6, distobj)

调用无参数的 distributor，可以完成默认分配，在本例中是按列分配，并尽量分配得均匀（见图 7.28）。

⑭ 如果想按另一个维度进行分配，可以使用 redistribute 函数。在本例中，参数 1 表示按

第7章 面向应用的多核编程工具

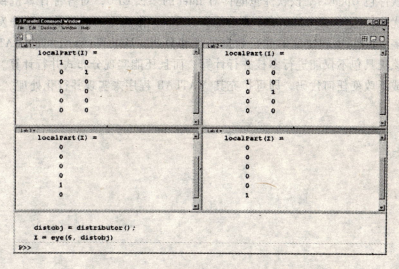

图 7.28 分布式数组并行命令窗口运行示例

第一个维度分配，即按行分配（见图 7.29）：

    P >> distobj = distributor('1d',1);

    P >> I = redistribute(I, distobj)

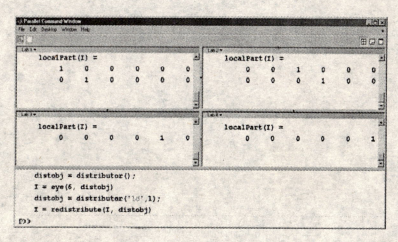

图 7.29 并行命令窗口运行示例

⑮ 退出 pmode 回到普通 MATLAB：

    P >> pmode exit

由于篇幅限制，有关 MATLAB 分布式并行工具包更多的使用介绍请参见相关手册。

## 本 章 小 结

本章主要介绍了几个面向行业应用的典型多核编程工具，其中包括：Intel 公司的开源计算机视觉软件包 OpenCV，该软件包能针对 Intel 的多核 CPU，对各种计算机视觉操作进行专门的并行优化；National Instrument 公司的 LabView，作为专门的智能仪器开发工具，能帮助用户利用多核 CPU 实现快捷的并行数据处理和分析；MathWorks 公司的 MATLAB 并行计算工具包，该工具包不仅能进行多核并行计算，而且还能实现分布式并行计算，用户只需改变少量代码或不改变任何代码，即可扩充其 MATLAB 程序来实现并行化处理。

# 附录  Visual Studio 配置说明

在使用英文版 Visual Studio .net 工具编译多线程程序时，请按照以下步骤设置开发环境：

1. Project > C/C++ > General

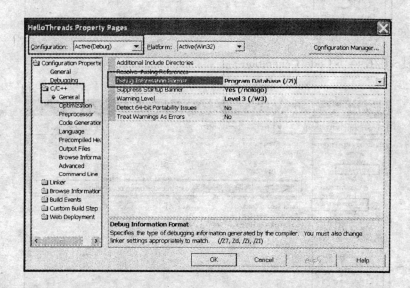

2. Linker > Debugging

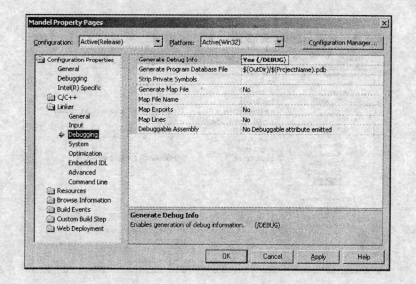

3. Project > C/C++ > Optimization

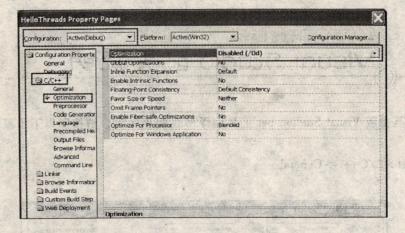

4. Project > C/C++ > Code Generation

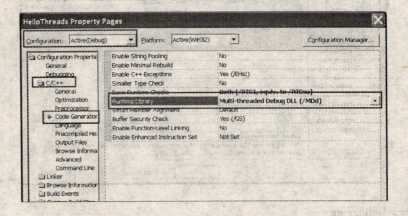

5. Linker > Advanced

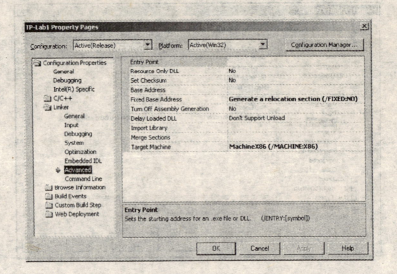

# 参考文献

1. 张晓林．嵌入式系统技术．北京:高等教育出版社，2008
2. 多核系列教材编写组．多核程序设计．北京:清华大学出版社，2007
3. 张林波,迟学斌,莫则尧．并行计算导论．北京:清华大学出版社，2006
4. 陈国良,吴俊敏,章锋．并行计算机体系结构．北京:高等教育出版社，2006
5. 李宝峰等译．多核程序设计技术:通过软件多线程提升性能．北京:电子工业出版社，2007
6. 濮元恺．多核CPU展望．http://www.st-tech.net/csck
7. 迟学斌．高性能并行计算．中国科学院计算机网络中心
8. 陈国良．并行算法的设计与分析．北京:高等教育出版社，2002
9. http://diy.yesky.com/vga/182/8277682.shtml
10. http://www.server120.cn/article/17/2009/200903317819_11.html
11. http://www.semiaccurate.com/forums/showthread.php?p=3384
12. 李继灿．计算机硬件技术基础．北京:清华大学出版社，2007
13. [美]莱维尼等．先进计算机体系结构与并行处理．北京:电子工业出版社，2005
14. [美]马特桑(Mattson)，[美]桑德斯(B. A. Sanders)，敖富江译．并行编程模式．北京:清华大学出版社，2005
15. 周良忠译．C++面向对象多线程编程．北京:人民邮电出版社，2004
16. 殷顺昌．OpenMP并行程序性能分析．硕士论文，2006
17. Barbarpa Chapman. *Using OpenMP Portable Shared Memory Parallel Programming*. MIT Press, 2007
18. 陈国良．并行计算——结构·算法·编程．北京:高等教育出版社，2003
19. OpenMP API 用户指南 Sun™ Studio 11. http://dlc.sun.com/pdf/819-4818/819-4818.pdf
20. 使用Visual Studio进行调试,MSDN文档．http://msdn2.microsoft.com/zh-cn/library/sc65sadd(VS.80).aspx
21. Stewart Taylor. *Intel Integrated Performance Primitives*. Intel Press, 2004
22. OpenCV参考手册．Intel公司，2005
23. LabView多核编程资源．http://www.ni.com/multicore/zhs/
24. Matlab分布式计算工具包使用手册．MathWorks公司，2008